LE MANUEL AGRICOLE DES ÉCOLES PRIMAIRES

PAR

P. QUEYRIAUX

INSPECTEUR DE L'INSTRUCTION PRIMAIRE, OFFICIER D'ACADÉMIE,
ANCIEN INSTITUTEUR, ET ANCIEN PROFESSEUR D'AGRICULTURE A L'ÉCOLE NORMALE
DE TULLE.

> Travaillez, prenez de la peine :
> C'est le fonds qui manque le moins.
>
> LA FONTAINE.

L'introduction de cet ouvrage dans les écoles publiques est autorisée par décision de S. Exc. le Ministre de l'Instruction publique, en date du 5 août 1862.

PARIS
AUG. BOYER ET Cie, LIBRAIRES-ÉDITEURS
49, RUE SAINT-ANDRÉ-DES-ARTS, 49.

Prix : un Franc

LE

MANUEL AGRICOLE

DES ÉCOLES PRIMAIRES

PAR

P. QUEYRIAUX

Inspecteur de l'Instruction primaire, Officier d'Académie, ancien Instituteur, et ancien Professeur d'Agriculture à l'École Normale de Tu le.

Travaillez, prenez de la peine :
C'est le fonds qui manque le moins.

LA FONTAINE.

CINQUIÈME ÉDITION

PARIS

LIBRAIRIES LAROUSSE & BOYER RÉUNIES

Vve P. LAROUSSE ET Cie, IMPRIMEURS-ÉDITEURS

49, RUE SAINT-ANDRÉ-DES-ARTS, 49

A LA MEME LIBRAIRIE :

DOUZE TABLEAUX D'AGRICULTURE PRATIQUE

A l'usage des Écoles de tous les degrés, accompagné d'un Guide explicatif; par L. BENTZ, ancien directeur d'École normale, membre de diverses Sociétés scientifiques et agricoles.

Prix de chaque tableau, en noir (0m,55 c. sur 0m,35) fr.	» 75
La collection des douze tableaux	8 »
Chaque tableau ou planche, coloriée d'après nature.	1 50
Guide explicatif.	» 50

TITRES DES DOUZE TABLEAUX :

1. Instruments aratoires. 65 fig
2. Instruments de transport. . . . . 29 »
3. Instruments pour les travaux de la ferme. 76 »
4. id. id. 34 »
5. Plantes céréales et légumineuses. . . . . . . 14 »
6. Plantes-racines et tubercules . . . . 21 »

A reporter. . . 209 fig.

Report. . . . 209 fig.

7. Graminées des prairies naturelles. . . 13 »
8. Herbes fourragères. . 12 »
9. Plantes commerciales et industrielles. . . 16 »
10. Plantes nuisibles. . . . 15 »
11. Animaux utiles . . . . 25 »
12. Animaux nuisibles . . 26 »

Ensemble. . . 316 fig.

Parler aux yeux par des images et des tableaux intuitifs a toujours été le plus sûr moyen d'arriver à l'esprit des enfants : c'est l'enseignement par l'*aspect*, si justement préconisé aujourd'hui. Le but de la publication de M. Bentz est précisément de fournir aux instituteurs un moyen simple et en quelque sorte palpable d'enseigner les premiers éléments de l'agriculture.

Que les Instituteurs ne craignent pas de solliciter le concours des autorités pour l'achat de cette intéressante Collection : aucun maire dévoué à l'instruction ne refusera d'en doter l'École. C'est en prévision de ce concours éclairé et d'un succès certain de la publication, que les éditeurs ont pu en rendre le prix accessible aux plus modestes budgets.

NOUVEAU CATÉCHISME D'AGRICULTURE

860 Questions simples et faciles, à l'usage des Écoles primaires; par A. DUPUIS, ancien professeur à l'Institut agricole de Grignon. Vol. in-18, orné de 12 gravures. — Prix cart. : 60 c.

PARTAGE DES TERRAINS ou GÉODÉSIE AGRAIRE

Contenant : 1° les Méthodes numériques et géométriques simples, claires, rigoureuses, pour diviser toute espèce de bien rural, accessible ou inaccessible; 2° la partie législative : procès-verbaux bornages, expertises, etc.; à l'usage des géomètres et des instituteurs ; par J. DECOUSU, professeur. 2° édit. — Prix : 1 fr. 50 c.

Paris. — Imp. Vve P. LAROUSSE et Cie, rue Montparnasse, 19.

PLAN DE L'OUVRAGE.

Le *Manuel agricole* est rédigé conformément au programme officiel du 31 juillet 1851 pour l'enseignement de l'agriculture dans les écoles. Il est divisé en trois parties : la première traite des différentes espèces de terres, des amendements, des engrais, de la jachère, des assolements, de la culture de chaque plante en particulier, des travaux de culture, des instruments et outils aratoires, de la culture des arbres et de la greffe, de la récolte et de la conservation des fruits, etc.

En parlant des plantes, nous avons cru devoir insister d'une manière particulière sur les caractères propres à les faire reconnaître et sur leur usage dans la vie domestique. Cette méthode nous a paru devoir faciliter l'enseignement des maîtres et aider l'intelligence et la mémoire des élèves.

La deuxième partie traite de l'économie rurale : elle comprend la construction des bâtiments ruraux, l'entretien des bestiaux et la comptabilité agricole.

Nous avons indiqué les soins à donner aux bestiaux pour les maintenir en bon état ; nous avons même fait connaître les moyens de les guérir de la *météorisation*.

indisposition grave, très-commune chez les animaux, et qui, souvent, ne laisse pas le temps de recourir au vétérinaire. Quant aux autres maladies, nous nous sommes borné à les faire connaître, en recommandant d'appeler le vétérinaire en temps utile. Ce serait une imprudence que de vouloir se substituer à l'homme de l'art ; on pourrait se tromper en administrant des remèdes que lui seul peut appliquer d'une manière sûre et efficace, et l'ignorance pourrait avoir les suites les plus fâcheuses : les exemples ne sont pas rares.

La troisième partie enfin est un abrégé de la culture du jardin : nous y parlons successivement des travaux de jardinage, des outils, des engrais, des plantes potagères, des plantes médicinales et des fleurs.

En écrivant notre *Manuel agricole*, nous n'avons pas oublié qu'il était destiné aux écoles rurales : aussi, nous sommes-nous efforcé d'être aussi simple que possible; nous sommes même quelquefois entré dans des détails qui pourraient paraître inutiles si l'on ne savait que notre but a été de faire un livre élémentaire, un livre pour les enfants, pour les personnes qui n'ont encore acquis aucune connaissance en agriculture; en un mot, *un livre pour les commençants*.

TABLE DES MATIERES

PREMIÈRE PARTIE.

DEUXIÈME PARTIE.

TROISIÈME PARTIE.

Notions d'Horticulture.

PREMIÈRE PARTIE.

CHAPITRE PREMIER.

DES DIFFÉRENTES ESPÈCES DE TERRES. — DES AMENDEMENTS ET DES ENGRAIS.

1re LEÇON.

Définitions préliminaires.

Qu'est-ce que l'agriculture ?

L'*agriculture* est l'art de cultiver la terre, c'est-à-dire de la fertiliser, de lui faire produire en plus grande quantité possible, mais sans l'épuiser, les grains, les fruits, les plantes, et généralement tous les végétaux qui servent aux besoins de l'homme.

Elle embrasse encore l'art de gouverner, de multiplier tous les animaux utiles et d'en améliorer les races.

Qu'est-ce que le sol?

Le *sol* est le terrain qui produit par la culture.

Qu'est-ce que la couche arable ?

On appelle *couche arable* la surface du sol qui est retournée par les instruments de travail.

Qu'est-ce que l'humus ?

L'*humus* est une substance d'un aspect pulvérulent et noirâtre, qui provient de la décomposition des végétaux morts.

Quel est le meilleur sol ?

C'est celui qui contient le plus d'humus ; plus la couche arable est profonde, plus le sol est productif.

2me LEÇON.

Des différentes espèces de sols.

Combien existe-t-il de classifications de terres ?

On rapporte tous les sols à deux grandes classifications : les *terres fortes* et les *terres légères*. Les premières présentent de grandes difficultés à la culture ; les secondes, au contraire, se laissent facilement travailler par les instruments.

Quels sont les éléments qui entrent dans la composition du sol ?

Les éléments qui entrent dans la composition du sol ou de la terre arable sont le *sable*, l'*argile* et le *calcaire*.

Qu'est-ce que le sable ?

Le *sable ou silice* est une terre fine, légère, sèche, sans consistance, et mêlée de gravier.

Qu'est-ce que l'argile ?

L'*argile* est une terre grasse, composée de silice et d'alumine, compacte, douce au toucher, happant la langue, susceptible de se ramollir dans l'eau, dont elle absorbe une si grande quantité qu'en se desséchant ensuite elle diminue considérablement de volume et se fend à l'air. Impropre à la culture lorsqu'elle est pure, cette terre rend très-fertiles celles avec lesquelles elle est mélangée naturellement ou artificiellement.

Qu'est-ce que le calcaire ?

Le *calcaire* est une terre susceptible de se réduire en chaux par l'action du feu.

Y a-t-il des sols composés seulement d'un élément ?

On ne rencontre jamais de terrain composé seulement de l'un des trois éléments dont nous venons de parler. Ils sont toujours combinés en différentes quantités.

Combien y a-t-il d'espèces différentes de sols ?

Suivant que le sable, l'argile ou le calcaire dominent dans la composition des terrains, ils sont dits *sablonneux*, *argileux* ou *calcaires ;* de là trois espèces principales de terrains : les terrains *sablonneux*, les terrains *argileux* et les terrains *calcaires*.

1. — Sols sablonneux.

Qu'est-ce que les sols sablonneux ?

Les *sols sablonneux* sont ceux dans lesquels le sable est le principe dominant ; ils laissent échapper l'eau avec facilité et ne forment jamais pâte. Les instruments les divisent sans peine, même par un temps de sécheresse. Ils s'échauffent rapidement et à un haut degré, et conservent longtemps la chaleur.

Comment appelle-t-on encore ces sortes de terres?

On les appelle *terres légères;* elles offrent, sur les autres, l'avantage de pouvoir être travaillées en tout temps; mais elles sont exposées à souffrir de la sécheresse à cause de la facilité avec laquelle elles laissent échapper l'eau.

Les sols sablonneux sont-ils bien propres à la culture?

Suivant que les terrains sablonneux offrent plus ou moins d'union dans leurs parties constituantes, ils sont plus ou moins propres à la culture. Dans un sable presque pur, il ne peut guère venir que des végétaux qui tirent leur nourriture de l'air. Mais si, sans rien perdre de son caractère distinctif, ce terrain contient, en proportions convenables, d'autres substances terreuses, il donne de riches produits, et la maturité des plantes s'y effectue de bonne heure.

Faut-il labourer souvent les terrains sablonneux?

Il faut éviter de les labourer souvent, car on augmenterait par là leur grande divisibilité, et les plantes seraient exposées à être *déchaussées*, c'est-à-dire à n'être plus soutenues par la terre que les eaux entraîneraient alors plus facilement.

2. — Sols argileux.

Qu'est-ce que les sols argileux?

Ce sont ceux dans la composition desquels l'argile est le principe dominant. Ces terrains, tenaces, pesants, s'attachent aux pieds des hommes et aux instruments aratoires lorsqu'ils sont humides, se prennent en croûte très-dure par la chaleur. Ils forment, lorsqu'on les laboure, des mottes ou lanières que l'on ne divise que difficilement; ils s'échauffent lentement et perdent rapidement la chaleur qu'ils ont reçue; ils sont difficiles à travailler, et les cultures y sont longues et coûteuses.

Lorsqu'on les laboure avant l'hiver, les gelées tardives les pulvérisent à la surface. Ils ont besoin, pour être fertilisés, d'une plus forte proportion d'engrais que les autres terres; mais ils gardent longtemps la fumure qu'on leur a donnée.

Quels noms portent encore les terres argileuses?

Les terres argileuses, telles que celles dont nous venons de parler, sont appelées *terres fortes;* on appelle terres *froides et humides* celles qui contiennent une forte proportion d'argile et d'où les eaux s'écoulent difficilement; leur valeur est d'autant moindre qu'elles contiennent plus d'argile sans mélange de sable ou de calcaire.

Qu'est-ce que la terre glaise?

On rencontre, dans beaucoup de localités, une espèce de terre qui, bien qu'argileuse de sa nature, fait exception au sol argileux, par suite de la forte proportion de sable fin qu'elle contient : on la nomme *terre blanche* ou *terre glaiseuse.* Lorsqu'elle se dessèche, sa surface se prend en croûte, sa couleur s'affaiblit de plus en plus et finit par devenir blanchâtre ; elle se bat facilement par la pluie, mais la gelée n'exerce aucune influence sur elle. C'est pour cette raison qu'on ne doit la labourer qu'au sortir de l'hiver.

3. — Sols calcaires.

Qu'est-ce que les terres calcaires?

Les *terres calcaires* sont celles dans lesquelles le calcaire prédomine. Elles se durcissent et ne se travaillent que difficilement par la chaleur; mais les fumiers s'y décomposent rapidement et les récoltes de grains y acquièrent des qualités remarquables. Ces terres sont ordinairement blanches.

Qu'appelle-t-on terres d'alluvion?

On appelle *terres d'alluvion* celles qui sont formées par l'accumulation des vases et matières terreuses que l'eau dépose sur les bords des rivières. Elles contiennent presque toujours du calcaire dans la proportion de 3 à 5 pour 100.

Qu'est-ce que les terres crayeuses?

Ce sont celles dans lesquelles le calcaire forme la base du terrain végétal.

Qu'appelle-t-on terres gypseuses?

Ce sont celles dont la base est le gypse ou plâtre.

Qu'est-ce que les terres tourbeuses?

Les terres *tourbeuses* sont celles qui se trouvent sur l'emplacement des marais desséchés, des tourbières consacrées a la culture.

Est-il nécessaire de fumer ces terrains immédiatement après leur mise en culture?

Les terrains limoneux et les terrains tourbeux, ainsi que les bonnes terres des vieux bois défrichés, peuvent produire pendant plusieurs années sans fumage.

Qu'est-ce que la terre franche?

La *bonne terre* ou *terre franche* est celle qui n'est ni trop friable ni trop pâteuse, qui est grasse au toucher et d'une couleur violacée; qui se laisse également pénétrer par l'eau, l'air et la chaleur; qui a une profondeur égale au moins à celle que les racines des plantes en culture doivent atteindre. — Lorsqu'elle est sèche, son aspect est pulvérulent et noirâtre; elle se fendille et s'épuise facilement.

De quoi se compose-t-elle?

Elle se compose d'environ un tiers de sable, un tiers de calcaire et un tiers d'argile, le tout mélangé avec un douzième à peu près de matières organiques décomposées.

Où se trouve-t-elle?

On la trouve principalement dans les vallées, le long des grands cours d'eau, sur les plateaux formés par d'anciennes alluvions, etc.

A quelle culture convient-elle spécialement?

Elle convient spécialement à la culture des céréales.

3me LEÇON.

Du sous-sol.

Qu'appelle-t-on sous-sol?

On donne le nom de *sous-sol* à la couche de terre qui se trouve placée au-dessous de la couche arable et sur laquelle celle-ci repose immédiatement.

Combien y a-t-il d'espèces de sous-sols?

Le sous-sol peut être de même nature que la couche arable, comme aussi il peut être de nature différente; d'où il y a trois sortes de sous-sols : le sous-sol sablonneux, le sous-sol argileux et le sous-sol calcaire.

Est-il avantageux d'avoir un sous-sol de même nature que le sol?

Si le sous-sol est de même nature que le sol, c'est une circonstance favorable; car si la couche arable n'est pas trop compacte ou trop légère, on peut donner plus de profondeur aux labours, et les récoltes ne souffrent jamais de l'humidité ou de la sécheresse.

Que peut-on faire si le sous-sol diffère de la couche arable?

Si la nature du sous-sol diffère de celle de la couche arable, on peut corriger les défauts de cette dernière, en ramenant à la surface, par le moyen des labours, une partie du sous-sol.

Comment fait-on dans ce cas pour corriger la couche arable?

Lorsqu'on veut corriger la nature de la couche arable au moyen d'un sous-sol de nature différente, on le fait par un labour exécuté avec deux charrues qui se suivent dans la même raie. La seconde charrue, qui est destinée à remuer le sous-sol à une certaine profondeur, doit être privée de son versoir et munie d'un soc triangulaire un peu bombé par-dessus.

A quel sol convient le sous-sol sablonneux, et quels

sont ses inconvénients lorsqu'il repose sous une terre sablonneuse ?

Le sol argileux qui repose sur un sous-sol sablonneux est dans des conditions favorables; pour un sol sablonneux, le sous-sol argileux est préférable, tandis qu'un sous-sol sablonneux est extrêmement nuisible, l'eau s'en échappant comme à travers un crible; ce qui fait que, par un temps sec, tout y brûle. La même chose arrive lorsque le sous-sol est formé de roches ou galets roulés qui se trouvent près de la surface.

4me LEÇON.

Du climat.

Qu'est-ce que le climat, en agriculture?

On entend par *climat*, en agriculture, l'ensemble des circonstances qui constituent la manière d'être habituelle d'une contrée, c'est-à-dire, le degré et la durée de la chaleur et du froid qui y règnent pendant les diverses saisons de l'année, ainsi que la quantité de pluie qui y tombe.

Combien y a-t-il de climats?

On compte généralement trois climats : le climat *chaud*, le climat *froid* et le climat *tempéré*; mais ces trois climats n'ont pas un point fixe où ils s'arrêtent, et, souvent, deux localités rapprochées diffèrent de climat d'après leur position.

5me LEÇON.

Des amendements.

Qu'est-ce qu'amender une terre?

Amender une terre, c'est lui donner les qualités qui lui manquent, ou, mieux encore, c'est la rendre susceptible de produire des végétaux plus nombreux ou meilleurs que ceux qu'elle aurait produits si elle eût été abandonnée à elle-même.

Comment amende-t-on naturellement les terres?

On amende naturellement les terres par les labours, qui les rendent susceptibles de recevoir l'influence de l'air, de la lumière et de la chaleur.

Comment les amende-t-on artificiellement?

On les amende artificiellement par l'emploi de la *chaux*, de la *marne*, du *plâtre* et des *cendres*.

1. — De la chaux.

La chaux est-elle un bon amendement?

La chaux offre un moyen excellent d'ameublir le sol. Rarement on y a recours, et cependant, très-souvent, on a l'avantage de pouvoir se la procurer facilement et sans une grande dépense.

A quels terrains s'applique-t-elle?

Elle s'applique à tous les terrains; on n'en excepte que ceux qui sont d'une nature trop sèche et trop active, et qui contiennent déjà une suffisante quantité de calcaire, et ceux dont le sous-sol est crayeux.

Sur quelles terres l'emploie-t-on ordinairement?

On l'emploie le plus souvent sur les terres argileuses, sur les défrichements, sur les terrains épuisés et sur les marais desséchés.

Quelle précaution faut-il prendre avant de l'appliquer, si la terre est humide?

Si la terre est humide, il faut l'assainir avant d'y jeter la chaux pour qu'elle puisse y exercer son action.

Quels sont les sols qui augmentent de valeur par l'application de la chaux?

Ce sont, en général, les sols sur lesquels la fougère, l'oseille, l'avoine à chapelet, le châtaignier et les arbres résineux croissent d'une manière remarquable.

Quels sont les effets de la chaux?

La chaux donne de la liaison aux terrains trop meubles, ameublit ceux qui sont compactes, et provoque la dissolution des substances fertilisantes qui restaient inertes dans le sol.

Quelle quantité de chaux faut-il employer?

50 à 70 hectolitres par hectare suffisent, à moins qu'on n'opère sur un défrichement, car alors il en faut davantage. Règle générale, plus la couche arable est profonde et compacte, plus il faut de chaux.

Comment se fait le chaulage (1) *des terres?*

On dispose la chaux sur le terrain en petits tas qu'on recouvre de terre; lorsqu'elle commence à se gonfler pour fuser, on bouche les fissures qui se sont formées,

(1) Action par laquelle on répand la chaux sur les terres.

et, lorsqu'elle est complétement éteinte ou réduite en poudre, on la mélange avec la terre qui la recouvre ; on répand ce mélange bien exactement sur la surface de la terre ; on herse plusieurs fois, et, par un léger labour, on l'enterre très-peu profondément ; on donne ensuite des labours plus profonds.

Est-il nécessaire de fumer les terres après le chaulage ?

Dans l'opération du chaulage, les fumures sont indispensables, car, lorsqu'on chaule la terre sans recourir au fumier, elle s'épuise à tel point que la répétition des plus fortes fumures suffit à peine pour la remettre en bon état. *La chaux, employée sans fumier, enrichit le père et ruine les enfants* (1).

2. — De la marne.

Qu'est-ce que la marne ?

La *marne* est une terre composée d'argile, de sable et de carbonate de chaux (2), dont les couleurs et les formes sont extrêmement variées, et qui a la propriété de se déliter (3) à l'air ou dans l'eau et de faire effervescence dans les acides (4).

(1) Mais nous n'entendons pas dire par là qu'il faille mélanger la chaux avec le fumier. Il faut répandre la chaux comme nous l'avons dit, et fumer comme d'habitude. Et alors *la chaux enrichit le père et les enfants*.

(2) Calcaire.

(3) Se diviser, se réduire en poudre.

(4) Substances aigres et piquantes qui ont la propriété de changer en rouge les couleurs bleues des végétaux.

Combien y a-t-il d'espèces de marnes?

Il y a deux espèces de marnes : la marne *argileuse* qui est composée de 40 pour cent de calcaire, d'argile et d'un peu de sable; et la marne *calcaire*, qui est formée de 60 à 80 pour cent de carbonate de chaux, le reste consistant en argile et en sable.

Y a-t-il des marnières en France?

Les marnières (1) sont assez communes en France ; il est peu de départements qui n'en aient plusieurs; et bien souvent, on en trouve sur place, et le sous-sol lui-même peut, ainsi que nous l'avons dit, servir quelquefois à amender le sol. Au reste, les effets de la marne sont tellement avantageux qu'on ne doit jamais reculer devant la dépense qu'occasionnent son extraction et son transport.

Quels effets produit la marne?

La marne appliquée au sol produit des effets différents suivant sa nature : ainsi, la marne argileuse donne de la liaison aux terrains trop meubles; la marne calcaire ameublit les terrains compactes; dans ces deux cas, son action est due à la présence du carbonate de chaux.

Ne produit-elle pas encore d'autres effets?

Non-seulement elle rétablit l'équilibre entre les éléments constitutifs du sol, mais elle est un des moyens les plus puissants pour détruire les mauvaises herbes, pour rétablir un champ détérioré par une mauvaise cul-

(1) Carrières de marne.

ture, pour assurer la réussite des plantes et pour mettre en état de production les terrains récemment défrichés.

Quelle est la première condition pour assurer l'opération du marnage?

La première condition du succès du marnage (1), c'est que le sol s'égoutte et se débarrasse des eaux de la surface.

Quelle est la quantité de marne qu'il convient d'appliquer au sol?

La quantité de marne qu'il convient d'appliquer sur une certaine étendue de terrain, varie selon la nature du sol ou de la marne. Plus celle-ci est calcaire, moins il faut en employer; plus le sol est sablonneux, plus il faut augmenter la dose.

Quelles terres amende-t-on et comment les marne-t-on?

On amende ordinairement les terres en jachère : à cet effet on charrie la marne sur les champs par un temps sec, avant de labourer, soit en automne, soit en hiver, et on l'y dépose en petits tas disposés en lignes parallèles. Au printemps, lorsque la marne est bien délitée, on étend les tas sur la surface de la terre; après quelques jours et des alternatives de soleil et de pluie, on herse à plusieurs reprises pour mêler la marne en poudre à la terre; on donne alors un labour très-peu profond; dans le courant de l'été, on en donne deux ou trois, afin de bien incorporer la marne avec le sol. On sème le blé ou toute autre plante.

(1) Opération par laquelle on répand la marne sur les terres.

Les effets de la marne se font-ils sentir pendant long-temps?

La marne produit peu d'effet la première année de son application; ce n'est quelquefois qu'à la troisième année que son effet est complet, et il se fait sentir pendant dix, quinze ou vingt ans; après quoi il faut recommencer.

L'emploi de la marne dispense-t-il de fumer la terre?

L'emploi de la marne ne dispense pas de fumer le sol, et plus un terrain est pauvre, plus il est important de fumer l'année même de l'amendement. On doit surtout continuer de fumer régulièrement chaque fois que la terre le demande; car la marne, la chaux, le plâtre, etc., sont des amendements et non des engrais.

3. — Du plâtre.

A quoi s'emploie le plâtre?

Le plâtre ou gypse s'emploie aussi à l'amendement des terres; mais il y a cette différence entre le plâtre et les autres amendements, que ces derniers agissent sur le sol et le rendent propre à toute espèce de récoltes, tandis que le plâtre ne change nullement la nature du sol puisqu'on le répand seulement sur certaines plantes en végétation, telles que les trèfles, la luzerne, le sainfoin, la jarosse, etc., dont il favorise la croissance en entretenant à leurs racines une humidité et une fraîcheur qui hâtent leur développement. Cependant, les graines des légumineuses qui ont été plâtrées ou qui sont venues dans un sol plâtré, cuisent plus difficilement que les grains de celles qui sont venues de toute autre manière et dans tout autre terrain.

Quel est l'effet produit par le plâtre sur les céréales?

Appliqué aux céréales, le plâtre ne paraît pas exercer une grande influence sur leur végétation; toutefois il a été constaté que toutes les récoltes, de quelque genre qu'elles soient, sont bien plus productives après un trèfle plâtré qu'après celui qui ne l'a pas été.

Comment emploie-t-on le plâtre?

On le répand en poudre sur les plantes lorsqu'elles commencent à couvrir le sol, c'est-à-dire en mars ou en avril. Cette opération doit se faire le soir ou de très-grand matin, pendant la rosée ou après une pluie, lorsque les plantes sont encore humides. Il en faut un ou deux hectolitres par hectare.

Qui a fait connaître les effets du plâtre sur le trèfle?

C'est Franklin qui, le premier, fit connaître les effets prodigieux du plâtre appliqué aux plantes fourragères, et notamment au trèfle. Pour convaincre ses contradicteurs, il forma, en répandant en leur présence du plâtre sur du trèfle, ces mots : « *Ceci a été plâtré.* » Peu de temps après, les tiges qui avaient été plâtrées s'élevèrent au-dessus des autres; et l'on put lire ces mots : « *Ceci a été plâtré.* »

Les plâtras peuvent-ils être utilisés en agriculture?

Les *plâtras* (1) appliqués au sol produisent des effets analogues à ceux de la chaux.

4. — Des cendres.

A quoi servent les cendres?

Les cendres sont au nombre des moyens d'amendement que l'agriculture ne saurait négliger. Mêlées avec les fumiers, elles augmentent le nombre des sels qui excitent la végétation; mais c'est surtout à l'amendement des prés humides que leur emploi est le plus efficace. Il est constant qu'elles stimulent la végétation des bonnes plantes et finissent par détruire les mauvaises herbes.

A quel état faut-il les employer?

Les cendres sont plus actives avant d'être lessivées; mais elles produisent encore des effets marquants lorsqu'elles l'ont été.

Comment les répand-on?

On les répand à la volée sur le sol avant la pluie ou la rosée; on peut en répandre de l'épaisseur d'un demi-doigt.

La suie de cheminée peut-elle être utilisée?

La suie de cheminée s'emploie de la même manière que les cendres, et produit des effets remarquables, surtout sur les prés humides et couverts de joncs.

(1) Débris provenant de la démolition des vieilles murailles.

6me LEÇON

Des engrais.

Qu'appelle-t-on engrais?

On donne le nom d'*engrais* à une substance quelconque propre à fertiliser la terre, c'est-à-dire à lui rendre les principes de la végétation, à les entretenir, à les augmenter.

Quel nom portent les plus communs et quels sont-ils?

Les engrais les plus communs portent le nom de *fumiers*; ce sont: le *fumier de cheval*, le *fumier de bêtes à cornes*, le *fumier de mouton*, le *fumier de cochon*, la *matière fécale* et la *colombine*.

Quels sont les autres engrais qu'on emploie en agriculture?

Les autres engrais employés sont: les *engrais verts*, le *parcage*, les *tourteaux d'huile*, les *marcs des fruits*, etc.

Comment obtient-on les fumiers?

On les obtient en mélangeant de la litière avec l'urine et les excréments des animaux.

Quelles sont les matières propres à servir de litière?

La paille, celle de seigle surtout, est la matière la plus propre à faire du fumier. A défaut de paille, on emploie les feuilles d'arbres, les fougères, les ajoncs, la bruyère, les genêts, etc.

Quels sont les effets du fumier de cheval?

Le fumier de cheval est le plus chaud et le plus actif, il convient surtout aux terres argileuses.

Quels sont les effets du fumier de bêtes à cornes?

Le fumier de bêtes à cornes ne se décompose pas aussi vite que le précédent; mais son effet est plus durable : c'est celui qui fournit à la culture la plus grande masse d'engrais, le seul qui se trouve dans presque toutes les exploitations. Il convient surtout aux terres sablonneuses et calcaires; mais il agit sur toutes d'une manière lente et durable.

Quels sont les effets du fumier de mouton?

Le fumier de mouton est moins chaud que celui de cheval, mais il est plus actif que celui des bêtes à cornes. Il se décompose plus promptement que ce dernier. Il a l'avantage de pouvoir être laissé longtemps sous les bestiaux sans leur nuire.

Quels sont les effets du fumier de cochon?

Le fumier de cochon a l'inconvénient de favoriser la croissance de la rave sauvage; mais il s'applique avec avantage aux plantes sarclées, à la pomme de terre principalement, et aux prairies couvertes de joncs.

Qu'est-ce que la matière fécale?

Ce sont les excréments humains qu'on désigne sous ce nom ou sous celui de *poudrette;* c'est un engrais très-actif, qu'on laisse perdre presque partout.

Dans quels pays en fait-on usage?

Dans les départements du nord de la France et aux environs de Lyon, où la culture des terres est très-avancée; on emploie la matière fécale pour les plantes qui épuisent le plus le sol, telles que le tabac, le houblon, le colza, etc.

Qu'est-ce qui empêche les cultivateurs de se servir de la matière fécale?

Ce qui empèche les cultivateurs de se servir de cet engrais, c'est la mauvaise odeur qu'il répand. Il est facile de faire disparaître cette mauvaise odeur en mélangeant la matière fécale avec de la terre, du poussier de charbon ou de la chaux; d'autres personnes la laissent sécher, et, après l'avoir réduite en poudre, la répandent sur les récoltes.

Peut-on mélanger des herbes avec la matière fécale avant de l'employer?

Il faut éviter de mélanger la matière fécale avec des herbes, car celles-ci ne s'y décomposent que très-difficilement, ce qui empêche de se servir de cet engrais en temps convenable et de le répandre uniformément.

Qu'est-ce que la colombine?

La *colombine* n'est autre chose que le produit du poulailler : ce sont les excréments des poules et des pigeons.

A quoi et comment emploie-t-on la colombine?

On la réduit en poudre au printemps, pour la répandre sur les récoltes en végétation. C'est le plus actif de tous les engrais; malheureusement il s'en fait peu.

1. — Manière de faire le tas de fumier

Où se place le tas de fumier?

Le fumier, au sortir des étables, doit être placé sous un hangar couvert, situé dans un coin de la cour. Il est nécessaire que ce lieu ne soit pas trop sec, ou plutôt qu'il soit un peu humide et frais, pour que, dans les chaleurs de l'été, la fermentation s'y opère d'une manière convenable; car autrement, le fumier se *moisirait*, ou, comme on le dit en terme de pratique, *il prendrait le blanc.*

Comment prépare-t-on la place du fumier?

Pour disposer le tas de fumier, on forme sur la surface du sol, en creusant un peu, une espèce d'aire rectangulaire qu'on recouvre d'une petite couche d'argile si la terre est perméable, afin que les sucs du fumier ne s'y infiltrent pas. L'aire doit avoir une légère inclinaison, et une rigole doit conduire le purin (1) dans une fosse creusée à l'un des angles. Le purin, ainsi recueilli, sert à arroser le fumier pendant la sécheresse ou à fumer les récoltes après avoir été étendu d'eau pour ce dernier usage.

Quelle forme convient-il de donner au tas de fumier?

Ce tas est monté aussi perpendiculairement que possible; le fumier est éparpillé à la surface à mesure qu'on l'y place.

Quelle hauteur convient-il de lui donner?

Il est bon d'élever le tas de fumier à 1 m. 50 c. ou deux mètres, pour que les pluies ou la sécheresse ne puissent pas le pénétrer si facilement.

Doit-on enlever souvent le fumier des étables et des écuries?

Le fumier des chevaux doit être enlevé tous les jours;

(1) Urine des animaux.

celui des bœufs et des vaches, tous les deux jours au moins; et c'est une grave erreur que de croire que son séjour prolongé dans les étables est favorable aux bestiaux; il ne leur cause cependant aucune incommodité, si l'on a soin de mettre par-dessus, tous les soirs, de la litière, afin que les bestiaux ne soient pas obligés de se coucher sur leurs excréments.

A quelle époque doit-on conduire le fumier dans les champs?

Quelque temps avant les semailles, on conduit le fumier dans les champs; on le met en petits tas, puis on le répand à la fourche ou à la main. Il ne doit jamais rester ainsi en tas que le moins de temps possible, et si une ondée ou toute autre cause forçait à l'y laisser, tous les sucs s'infiltreraient dans la terre, et l'on devrait, au moment où on le répandrait, ne pas en laisser du tout à la place du tas.

Est-il bon d'employer le fumier frais?

Rarement on doit employer le fumier au sortir des étables; il ne produit alors de bons effets que dans les sols argileux qu'il échauffe et divise en fermentant; dans ce cas, on doit l'enterrer par un labour préparatoire, sinon, comme il est très-pailleux, il s'amasse devant la charrue et s'enterre ensuite par paquets. Il est même toujours avantageux d'enfouir le fumier avant la semaille.

Quelle quantité de fumier convient-il de donner aux terres?

La quantité de fumier qui est employée pour fumer

les terres varie suivant le nombre des bestiaux et le mode de nourriture. — Il est évident que le cultivateur qui nourrit toute l'année ses bestiaux à l'étable, en a une plus grande quantité et peut en mettre davantage que celui qui les nourrit une bonne partie de l'année dans les pâturages. En général, on met 38 tombereaux par hectare, ce qui équivaut à 30 mètres cubes par hectare.

2. — Engrais végétaux.

Qu'appelle-t-on engrais végétaux?

On appelle *engrais végétaux* ou *engrais verts* des plantes qu'on enfouit en vert avant leur maturité; ils sont très-utiles dans certains cas, mais ils sont loin de valoir le fumier.

Quelles sont les plantes qu'on emploie principalement comme engrais verts?

Les plantes qu'on emploie principalement comme engrais végétaux sont : le sarrasin, le lupin, la spergule, le trèfle, les vesces, etc. On les enfouit au moment de la floraison.

Dans quels cas doit-on employer les engrais verts?

Ces engrais doivent être employés dans les champs éloignés des habitations, où le transport des fumiers est difficile et coûteux.

3. — Du parcage.

Qu'est-ce que le parcage?

Le *parcage* consiste à faire passer la nuit à un troupeau dans une enceinte mobile qu'on appelle *parc*. Pendant toute la saison du parcage, le berger passe la nuit au champ, aidé par son chien, pour veiller à la garde de son troupeau. Il couche dans une petite cabane en bois, montée sur des roues, et qui suit le parc à mesure qu'on le déplace.

Dans quelles contrées le parcage est-il usité?

Ce moyen excellent d'augmenter le fumier est principalement usité en Angleterre, en Flandre, et dans quelques départements du centre et de l'est de la France.

Quelles terres doit-on principalement faire parquer?

On doit employer le parcage pour les terres éloignées de la ferme où le transport du fumier serait trop coûteux. Il faut toujours commencer par celles qui doivent être ensemencées les premières, car l'engrais qui résulte du parcage se laisse facilement entraîner par la pluie; c'est pour cela que ces terres doivent être labourées immédiatement après le parcage.

Sur quelle récolte agit l'engrais produit par le parcage?

L'engrais produit par le parcage agit presque uniquement sur la récolte qui le suit immédiatement; rarement son action se fait sentir deux ans.

Quel espace de terre peut fumer un mouton dans une nuit?

Un mouton peut fumer dans une nuit environ un mètre carré de terrain.

Par quoi est fumée la terre dans ce cas?

Par les excréments et l'urine des moutons?

A quelle espèce de terre profite le parcage?

Le parcage profite surtout aux terres sablonneuses, sur lesquelles le piétinement des moutons produit un excellent effet en les tassant. Il serait moins favorable aux terres argileuses, qu'il faut éviter de faire parquer par un temps humide.

Combien de temps dure la saison du parcage?

Le parcage commence en mai et finit lorsque la mauvaise saison se fait sentir.

Le parcage est-il nuisible aux moutons?

Ce séjour dans les champs pendant la nuit n'est nullement nuisible aux bestiaux, qui même, dans les temps chauds, se trouvent mieux au parc qu'à l'étable. Il faut pourtant éviter de les y laisser exposés à des pluies abondantes.

4. — Des tourteaux d'huile, des marcs des fruits, etc.

Les tourteaux d'huile peuvent-ils être utilisés comme engrais?

Les tourteaux (1) de lin, de colza, de navette, de chènevis, de noix, de cameline, sont très-efficaces lorsqu'ils sont employés comme engrais; à cet effet, après les avoir réduits en poudre, on les répand à la volée sur les récoltes, qu'ils excitent et entretiennent dans un bon état de fertilité.

(1) Masses formées du résidu de certaines plantes, de certains fruits, dont on a exprimé de l'huile.

Ne peut-on pas aussi employer comme engrais les marcs des fruits?

Les marcs (1) des fruits peuvent aussi être utilisés comme engrais, et l'on a remarqué qu'ils conviennent parfaitement pour fumer les plantes qui ont donné les fruits.

N'y a-t-il pas encore quelques autres matières propres à faire des engrais?

La chair des animaux morts, le sang, la corne des sabots, les poils, les plumes, les os broyés ou calcinés, peuvent être employés comme engrais; ils sont très-actifs, mais assez rares.

Comment augmente-t-on encore la masse des engrais?

Dans les campagnes, on augmente la quantité d'engrais en mettant des fougères, des ajoncs, de la bruyère, des genêts ou des feuilles dans les chemins des villages. Le piétinement des hommes et des animaux brise ces matières, l'humidité les décompose, et l'on obtient une certaine quantité d'engrais; mais ils sont de qualité médiocre et ont encore l'inconvénient d'entretenir la saleté dans les villages, et de causer un grand nombre de maladies par les gaz qui s'en dégagent.

Faut-il employer des engrais liquides lorsqu'on manque de fumier?

Il ne faut jamais acheter de ces engrais qu'on vend en fioles ou en bouteilles : ce sont autant de moyens pour tromper la crédulité des villageois.

(1) Restes des fruits qu'on a pressés pour en extraire le suc.

CHAPITRE II.

Des plantes et de leur culture.

Qu'entend-on par plantes ?

On entend par *plantes,* en général, des êtres organisés qui sont fixés au sol et privés du mouvement.

Comment les divise-t-on ?

On les divise en deux grandes classes : les végétaux *ligneux* et les plantes *herbacées* : la première comprend les arbres et les arbustes; la seconde, les plantes dont la tige est tendre et périt.

Comment l'agriculture divise-t-elle les plantes herbacées ?

L'agriculture divise les plantes herbacées en neuf classes, savoir : les *céréales*, les *plantes à graines farineuses*, les *plantes fourragères*, les *plantes racines* ou *plantes sarclées*, les *plantes oléagineuses*, les *plantes textiles*, les *plantes tinctoriales*, les *plantes industrielles* et les *plantes propres à faire des boissons.*

1. — Des céréales.

Qu'appelle-t-on céréales ?

On donne le nom de *céréales* à toutes les plantes de la famille des graminées dont les grains servent à la nourriture de l'homme et des animaux.

Quelles sont les plus communes ?

Les plus communes sont : le *blé* ou *froment*, le *seigle*, l'*orge*, l'*avoine*, le *maïs*, et le *sarrasin* ou *blé noir*, de la famille des polygonées.

7me LEÇON.

DU FROMENT.

1. — Variétés.

Qu'est-ce que le blé ou *froment ?*

Le *blé* ou *froment* est la céréale par excellence, la plus utile à l'homme, celle qui le nourrit, et qui contient sous le moindre volume le plus de matières nutritives.

Combien y a-t-il de sortes de blés?

Il y a deux sortes de blés, les blés *tendres* et les blés *durs*.

Qu'appelle-t-on blés tendres?

On appelle blés *tendres* ceux dont l'aspect de la cassure est farineux.

Qu'appelle-t-on blés durs?

On appelle blés *durs* ceux dont la cassure présente l'apparence de la corne.

Quelles sont les qualités respectives de ces deux espèces de blés?

Les blés tendres donnent plus de farine que les blés durs; ceux-ci sont d'une plus facile conservation; le pain fait avec leur farine, quoique moins blanc, est plus savoureux; il sèche et durcit moins promptement, et est plus nutritif.

Dans quel pays cultive-t-on : 1° les blés tendres; 2° les blés durs?

Les blés tendres sont cultivés dans les climats froids,

les blés durs dans les climats chauds ; mais cette règle présente bien des exceptions.

Qu'appelle-t-on blés d'automne et blés de printemps ?

On appelle *blés d'automne* ou *d'hiver* ceux qu'on sème à l'automne, et blés de *printemps* ou de *mars* ceux qu'on sème au printemps. Ces derniers sont, sous le rapport de la quantité, inférieurs aux premiers. On les cultive peu ; cependant ils sont d'une grande ressource lorsque les blés d'hiver ont souffert de la rigueur du froid, ou que les pluies de l'automne ont contrarié les semailles.

En combien de divisions peut-on partager tous les blés cultivés ?

Tous les blés cultivés peuvent être partagés en deux divisions principales : 1° celle des *froments proprement dits*, à grain libre ou nu, se séparant de la balle ou enveloppe par le battage ; 2° celle des *épeautres* ou froments à balle adhérente.

Quelles sont les espèces comprises dans la première série ?

La première série comprend les variétés qui suivent : 1° le *froment ordinaire* à épi allongé, long, étroit, à quatre côtés inégaux, dont deux plus larges et deux plus étroits. — Cette variété est la plus répandue en France ; elle est la plus estimée sous le rapport de la qualité du grain, ce qui fait qu'on désigne ce froment sous le nom de *blé fin*, par opposition aux *gros blés* appelés *poulards* ; 2° le *froment commun d'hiver*, à épi allongé, jaunâtre, et à grain rougeâtre ; c'est le froment de la Beauce et de la Brie ; 3° le *froment blanc de mars ;* 4° le *froment de Hongrie;* 5° le *froment rouge ordinaire;* 6° le *froment Blanzée de Lille;* 7° le *blé d'Odessa.* (Toutes ces variétés sont sans barbes.)

En quoi les blés barbus diffèrent-ils des précédents?

Les blés barbus diffèrent des précédents en ce que l'épi est barbu et que la glume (1) est ordinairement terminée par une petite pointe allongée. Ils appartiennent aux blés fins.

Quels sont les blés barbus les plus cultivés?

Les variétés de blés barbus les plus cultivées sont: 1° le *froment barbu d'hiver*, à épi comprimé, dressé, à barbes divergentes, à grains rougeâtres ou jaunâtres; il est rustique et productif; 2° le *blé de Toscane*, qui fournit la paille à *chapeaux dits d'Italie;* 3° le blé *barbu de mars ordinaire;* 4° le *blé de Sainte-Hélène;* 5° le *blé de miracle;* 6° le *blé de Smyrne.*

Qu'est-ce que les froments renflés ou poulards, qui appartiennent aussi aux blés barbus?

Les froments *renflés* ou *poulards*, à épi barbu, carré, compacte, à quatre faces égales, sont rustiques, vigoureux et les plus productifs de tous les blés; ils ont une paille haute, forte et résistante qui les rend moins susceptibles de verser que les blés à paille creuse; leur grain est d'une qualité inférieure à celle des blés ordinaires.

Qu'est-ce que les épeautres?

Les *épeautres* ont un épi long et grêle, des épillets

(1) Balle ou enveloppe du grain.

écartés, laissant l'axe à nu dans leurs intervalles, une glume épaisse, coriace et adhérente au grain, un axe fragile. Ils sont regardés comme plus rustiques que les autres blés, moins difficiles sur le choix du terrain, et comme résistant mieux à l'humidité. On les cultive principalement dans les pays froids et montueux.

Pourquoi les épeautres sont-ils peu cultivés?

Ces blés sont peu cultivés par la raison que, leur grain ne se séparant pas de la balle par le battage, on est obligé, pour les dépouiller, de les faire passer une première fois sous la meule un peu soulevée.

Quelle est la variété d'épeautre la plus cultivée?

La variété d'épeautre la plus cultivée est l'épeautre sans barbes, à épi blanc ou rougeâtre, qui est la meilleure sous le rapport du produit et de la qualité.

2. — Culture.

Quels sont les terrains qui conviennent au blé?

Le blé réussit surtout dans les terrains calcaires et les terres argileuses. Les terres trop compactes ne lui conviennent pas plus que celles qui sont trop légères. Cependant presque toutes les terres peuvent être rendues propres à la culture du blé par des assolements judicieux.

Après quelles récoltes vient le blé?

Le blé ou froment succède à une plante sarclée, ou à une plante fourragère, ou au sarrasin, ou à l'avoine.

Quelle est la meilleure place que doit occuper le blé pour donner un bon produit?

Pour donner un bon produit, le blé doit succéder à

un trèfle qu'on rompt par un coup de charrue immédiatement avant la semaille, mais à un trèfle d'un an, pour que le chiendent n'ait pas eu le temps d'envahir le sol.

Il est également bien placé après une récolte sarclée; car les sarclages répétés disposent singulièrement la terre à recevoir l'influence de l'atmosphère et à favoriser la croissance de la céréale. Lorsqu'il succède à un sarrasin, ce qui arrive toujours lorsqu'on sème du blé noir, la terre a reçu au printemps de fréquents labours et une forte fumure.

Quelle est l'époque la plus convenable pour la semaille du blé?

L'époque la plus convenable pour la semaille du blé est le mois d'octobre. Si on la continue quelquefois en novembre, c'est parce que la saison a été contrariée par le mauvais temps, et alors on est obligé d'augmenter la quantité de semence.

Y a-t-il un avantage à semer les blés de bonne heure?

Ordinairement les semailles precoces ont plus de chances de succès que les tardives; rarement le contraire arrive. Cette remarque s'applique à toutes les plantes, quelles qu'elles soient.

Faut-il apporter un grand soin au choix de la semence du blé?

Il est peu de plantes aussi difficiles que le blé sur le choix de la semence : il ne faut se servir pour semer que de graine de l'année, parfaitement mûre et la plus nette de mauvaises herbes, c'est-à-dire, de celle qui a été appropriée avec le plus de soin.

3. — Du chaulage de la semence.

Quelle préparation fait-on à la semence avant de la confier à la terre?

Avant de semer le blé, et pour le préserver de la *carie*, maladie par laquelle il est quelquefois attaqué, on fait subir à la graine une préparation qu'on appelle le *chaulage*.

En quoi consiste le chaulage?

Le chaulage consiste à mettre le grain en contact avec de la chaux ou avec une autre substance qui puisse remplir le même but.

Combien y a-t-il de manières de chauler le blé?

Il y a trois sortes de chaulages, savoir : le *chaulage sec*, le *chaulage par aspersion*, et le *chaulage par immersion*.

En quoi consiste le chaulage sec?

Le *chaulage sec* consiste à mêler le blé avec de la chaux pulvérisée; on remue le blé avec une pelle en bois, afin de le retourner souvent. Ce chaulage est le moins bon, parce que, beaucoup de grains n'étant pas mis en contact avec la chaux, certains germes de la carie échappent à son action.

En quoi consiste le chaulage par aspersion?

Le *chaulage par aspersion* consiste à asperger la semence de blé avec un lait de chaux : ce moyen, quoique meilleur que le précédent, laisse encore à désirer, car il est difficile que tous les grains soient également brassés et que plusieurs n'échappent pas à l'action de la chaux.

En quoi consiste le chaulage par immersion ?

Le *chaulage par immersion* consiste à plonger le blé dans un lait de chaux et à l'y laisser séjourner pendant vingt-quatre heures ; il faut avoir soin de remuer successivement le blé à mesure qu'on en verse une certaine quantité, d'écumer les grains qui flottent à la surface et qui sont toujours altérés et exposés à la carie. On tire ensuite le grain du vase dans lequel on a fait l'opération ; on le met en monceau pour qu'il s'égoutte, en ayant soin de le remuer fréquemment.

De quoi est composé le lait de chaux?

Le lait de chaux est composé d'un kilogramme de chaux par hectolitre de grain, et d'une quantité d'eau suffisante pour le délayer, pour contenir l'hectolitre de grain, et pour le recouvrir de quelques centimètres pendant son séjour dans le mélange.

Ce procédé est-il bien efficace?

Ce procédé est le plus efficace des trois pour préserver le blé de la carie, et il a encore l'avantage de hâter la germination du grain.

Par quoi un grand nombre de cultivateurs remplacent-ils la chaux dans l'opération du chaulage?

Un grand nombre de cultivateurs substituent aujourd'hui le *sulfate de cuivre* ou *vitriol bleu*, ou le *sulfate de soude* à la chaux. Ces substances produisent le même effet que la chaux, et il en faut une bien petite quantité. On fait dissoudre 300 grammes de sulfate dans l'eau bouillie au feu, et, lorsqu'elle n'est plus que tiède, on y jette le grain, qui n'y séjourne que quelques instants.

et qui est traité, lorsqu'on l'a retiré du bain, comme on l'a dit ci-dessus.

En mélangeant du sel au vitriol pour le *vitriolage* ou *sulfatage* du blé, le sel maintient la semence dans un état de fraîcheur, et hâte la germination.

Dans quelle proportion la semence, ainsi préparée, est-elle répandue sur le sol?

La semence, ainsi préparée, est répandue sur le sol dans la proportion de 250 litres environ par hectare; en général, plus la semaille est précoce, moins il faut de grain; plus elle est tardive, plus il faut augmenter la quantité.

4. — Des semis.

Qu'est-ce que semer une graine?

Semer une graine, c'est la mettre en terre pour qu'elle germe et s'y multiplie.

Comment sème-t-on le blé et les autres grains?

On sème les grains *à la volée*, ou en *ligne*.

Qu'est-ce que semer à la volée?

Semer à la volée, c'est répandre une semence sur la terre par un mouvement de va-et-vient de la main, qu'on remplit de grains, toutes les fois qu'elle est vidée, dans un panier que le semeur porte au bras gauche ou devant soi au moyen d'une courroie; dans ce dernier cas, il remplit les deux mains à la fois et les vide en même temps l'une à droite, l'autre à gauche, en les faisant croiser.

Qu'est-ce que semer en ligne?

Semer en ligne, c'est répandre la semence dans des lignes également espacées, soit au moyen de la main, soit au moyen d'instruments appelés *semoirs*.

Cette méthode est-elle préférable à la précédente?

Cette méthode est excellente pour les plantes sarclées, telles que la betterave, la carotte, le maïs, etc.; mais, pour les céréales, elle serait trop longue, et l'économie du grain qui en résulterait ne compenserait pas la perte de temps qu'elle occasionnerait.

Quel avantage présente le semis en ligne?

Lorsqu'une plante a été semée en ligne, on peut donner plus facilement tous les sarclages et tous les buttages nécessaires, et mieux nettoyer le sol des mauvaises herbes qui l'infestent.

Que fait-on après avoir répandu la semence sur le sol?

Lorsque la semence a été répandue sur le sol, on l'enterre, soit avec la charrue, soit avec la herse, à une profondeur de 6 à 8 centimètres.

Comment s'appelle la première manière de recouvrir la semence?

La première manière de recouvrir la semence s'appelle *semer sous raie;* c'est celle qu'on doit préférer pour les terrains légers; elle est même la seule suivie dans un grand nombre de départements.

Comment faut-il opérer dans la seconde manière?

Il faut faire précéder la semaille d'un coup de herse et

la recouvrir, ou par un coup de herse, ou par un trait d'extirpateur, que l'on peut encore faire suivre d'un coup de herse.

Dans quel état doit se trouver le sol avant de recevoir la semaille?

Avant de recevoir la semaille, le sol doit avoir été bien ameubli par les labours et suffisamment nettoyé des mauvaises herbes.

Doit-on fumer le blé en le semant?

On doit éviter, autant que possible, de fumer le blé en le semant, car le fumier favorise et même excite la végétation des plantes parasites qui diminuent le rendement et augmentent les travaux de culture; voilà pourquoi il est préférable de le placer après un trèfle rompu, ou après une plante sarclée, ou après un sarrasin.

Est-il nécessaire, lorsqu'on recouvre le blé, de pulvériser complétement la surface du sol?

Il n'est pas nécessaire, lorsqu'on recouvre le blé, de chercher à pulvériser complétement la surface du sol, comme cela doit se faire pour les semailles de printemps; les mottes qui se trouvent sur la surface sont utiles en ce qu'elles servent, en quelque sorte, à butter les plantes, et que les racines sont moins exposées à souffrir du hâle (1).

(1) Air sec et chaud qui dessèche, fane et flétrit.

5. — Travaux d'entretien du blé.

En quoi consistent les travaux d'entretien du blé?

Les soins d'entretien qu'on donne au froment pendant la végétation consistent en des *roulages*, des *sarclages* et des *binages*.

Qu'est-ce que le roulage des plantes?

Le *roulage* des plantes consiste à passer sur les terres un instrument appelé le *rouleau*, pour unir les sillons ou pour enterrer les racines soulevées par les gelées.

Dans quelles terres les roulages sont-ils nécessaires?

Les roulages ne sont nécessaires que sur les terres légères, un peu humides, calcaires, lorsqu'elles ont été soulevées par l'effet des gelées et qu'il s'est formé à leur surface un boursoufflement qui met à nu une partie des racines.

A quelle époque se font les roulages?

Au printemps. On peut aussi rouler les terres au moment des semailles pour unir les sillons.

Qu'est-ce que le sarclage du blé?

Le *sarclage* du blé n'est autre chose que l'arrachage des mauvaises plantes qui nuisent au blé. Il est exécuté par des femmes et des enfants avec des sarcloirs. Il produit de bons effets sur les sols légers; mais, sur les terres argileuses, il peut avoir des résultats fâcheux, si on l'entreprend à contre-temps. Il faut choisir le moment où la terre n'est ni assez durcie pour entraver l'arrachement des mauvaises herbes, ni assez humide pour se comprimer sous les pieds des travailleurs. C'est ordinairement dans la dernière quinzaine d'avril ou au commencement de mai que se fait ce travail.

En quoi consistent les binages ?

Les *binages* sont les secondes façons qu'on donne aux champs.

Par quoi peut-on remplacer les sarclages et les binages du blé ?

Par un *hersage* qu'on lui donne à propos.

Qu'est-ce que le hersage?

Le *hersage* consiste à faire passer la herse sur le blé : cette opération, qui est beaucoup plus facile que les sarclages à la main, n'est autre chose qu'un binage économique donné avec la herse dans le courant de mars, aussitôt que la terre est suffisamment ressuyée.

Quel effet produit la herse?

En blessant au collet de la racine les jeunes touffes du blé et en les recouvrant en partie de terre, la herse provoque le développement de nouvelles tiges coronales qui compensent bien au-delà par leurs produits la perte du petit nombre de pieds qui sont détruits pendant le travail,

Faut-il donner plusieurs coups de herse?

Il faut donner autant de coups de herse qu'il est nécessaire pour que le champ soit partout couvert d'une couche de terre meuble, et que les crevasses qui se forment sur les terrains argileux, lorsqu'ils se dessèchent, soient complétement recouvertes; ces hersages ameublissent le sol à la surface et le rendent plus accessible aux influences atmosphériques.

Qu'est-ce que l'effanage?

Il arrive quelquefois, mais ce cas est très-rare, qu'on est obligé de retarder la croissance du blé : on fait alors passer sur le champ un troupeau de moutons pour que l'extrémité des tiges soit mangée par ces animaux : c'est ce qu'on appelle *l'effanage.*

Qu'est-ce que l'échardonnement?

L'échardonnement est l'arrachage des chardons qui croissent avec le blé ; il se fait dans le courant de mai avec une pince de bois qui permet d'arracher ces mauvaises herbes sans être piqué par les épines. Cependant, il est bon de n'échardonner les blés que lorsqu'ils sont déjà un peu grands et en tuyaux, car si l'on ne faisait que couper les chardons au lieu de les arracher, on les verrait bientôt repousser plus nombreux qu'avant l'opération.

Quel est le moment le plus critique pour le blé?

C'est celui de la floraison : la pluie contrarie singulièrement la formation de la fleur, et si le mauvais temps continue, le grain ne se forme pas, et alors un épi maigre, chétif, peu garni de grains, couronne le sommet de la paille.

Qu'est-ce qu'il faut pour terminer la maturité du grain?

C'est la chaleur : le grain qui mûrit avec le soleil est bien plus gros, contient une bien plus forte proportion de matières nutritives que celui qui a mûri par un temps humide et pluvieux.

6. — Récolte du blé.

A quelle époque a lieu la maturité du blé?

Le blé est mûr dès la première quinzaine de juillet pour les départements du midi, et dès la deuxième pour les autres.

Comment coupe-t-on le blé?

L'usage le plus ordinaire est de scier le blé à la *faucille;* quelques personnes se servent du *volant* qui est plus expéditif et laisse l'éteule (1) beaucoup plus courte.

Par quel instrument peut-on remplacer la faucille et le volant?

On peut se servir avantageusement, pour remplacer le volant et la faucille, de la *faux-moissonneuse*, qui expédie le travail beaucoup plus promptement, mais qui exige des ouvriers exercés à son maniement.

Ne peut-on pas couper le blé un peu avant sa parfaite maturité?

On fera bien de couper le blé une huitaine de jours avant sa parfaite maturité : la farine sera meilleure et en plus grande quantité. Quant à celui qui doit servir de semence, il faut attendre qu'il ait atteint sa complète maturité, car autrement une partie des grains ne germeraient pas.

Comment place-t-on le blé à mesure qu'on le coupe?

A mesure qu'on coupe le blé, on le met en *javelles* qu'on étend sur le sol, en ayant soin de placer les épis

(1) Chaume sur pied, après la moisson.

dans la direction de leur pente avant qu'ils fussent coupés. Après avoir laissé les javelles ainsi sécher pendant une journée environ, on les lie en gerbes avec un lien de paille de seigle qu'on serre à l'aide d'un instrument appelé *garrot;* après quoi on les conduit à la grange ou à l'endroit où l'on doit les disposer en meule.

Si le temps se met à la pluie avant qu'on ait pu lier les gerbes, que faut-il faire?

Si le temps se met à la pluie avant qu'on ait pu lier les gerbes, voici le moyen de préserver le blé des atteintes de l'eau :

Après que le blé a été coupé, on le met en *meulons* ou *moyettes*. Ces *meulons* se font de la manière suivante : On place sur un endroit sec et élevé du champ une javelle qu'on replie sur elle-même vers le milieu de la longueur de la paille, en sorte que les épis ne posent pas à terre, mais viennent s'appuyer sur l'extrémité opposée de la javelle. Un homme, auquel cinq ou six autres personnes apportent successivement les javelles, construit le meulon en les plaçant circulairement autour de la javelle repliée, tous les épis dirigés au centre et reposant sur cette javelle ; en sorte que le meulon a pour diamètre deux fois la longueur des tiges du froment. Sur le premier rang de javelles, il en pose un second placé de même, et ainsi en maintenant d'aplomb les parois circulaires du meulon jusqu'à ce que celui-ci soit parvenu à la hauteur d'environ un mètre. Tous les épis se trouvant au centre, ce point est plus élevé que le pourtour, circonstance fort essentielle, parce que tous les brins de paille ayant ainsi une pente vers le dehors du meulon, l'eau qui pourrait s'y insinuer tend toujours à s'écouler au dehors. Lorsque le meulon est arrivé à cette hauteur, on continue à l'élever de même, mais en croisant toujours un peu plus les épis au centre, ce qui diminue graduellement le diamètre du meulon. Lorsqu'il est arrivé à la hauteur de 1^{m} 66 environ, le centre se trouve fortement bombé et en forme de cône; on le couvre alors d'une gerbe liée près de son extrémité inférieure, en la renversant sur le sommet du cône, et l'on arrange avec soin les épis tout autour, afin que toute la surface du cône soit également couverte. Lorsque le blé ne contient pas beaucoup d'herbes vertes et qu'il n'est pas mouillé au moment où on le coupe, on peut le mettre en meulons immédiatement après qu'il a été coupé, quoique la coupe ait été faite avant une complète maturité. Dans le cas contraire, il faut attendre qu'il soit passablement sec, ou que l'herbe soit du moins amortie; mais on peut toujours mettre le blé en meulons longtemps avant le moment où il serait possible de le serrer dans les granges ou même de le lier en gerbes. Une fois qu'il est en meulons, il peut y rester pendant huit ou quinze jours ou même davantage, jusqu'à ce que le temps et les autres travaux permettent de s'occuper de le rentrer; il n'y souffre d'aucune intempérie, la maturité du grain s'achève très-bien, et il y prend une très-belle qualité.

L'expérience a démontré que ce moyen de sauver les récoltes des céréales dans les saisons pluvieuses, doit être préféré à tout autre, quoiqu'il entraîne une légère augmentation de main-d'œuvre.

Comment place-t-on les gerbes, pour les préserver de la pluie, si elle survient immédiatement après qu'on les a liées?

Lorsque la pluie survient après qu'on a lié les gerbes, on les met en *dizeaux*, ce qui consiste à mettre quatre gerbes en croix, les épis se touchant au centre; pardessus, on met un autre rang de gerbes, et l'on recouvre le tout par une gerbe placée en forme de chapeau sur les autres, les épis tournés vers la terre. Les gerbes ainsi placées se conservent parfaitement.

Comment conserve-t-on le blé?

Dans quelques départements on a l'habitude de conserver le blé en gerbes dans les granges : on l'a ainsi sous la main pour le battre; mais les rats en dévorent une bonne partie, et il faut des bâtiments très-vastes. Dans quelques autres, on se trouve très-bien de le mettre en meule au dehors et de l'y laisser jusqu'à ce que le moment de le battre soit venu.

Quels sont les différents modes employés pour battre le blé?

Pour battre le blé, on se sert ou du fléau, ou du rouleau, ou des pieds des chevaux; dans ce dernier cas, on appelle cette opération le *dépiquage du blé*.

A quelle époque se fait le battage du blé?

Le battage au fléau se fait en hiver, alors que tous les travaux du dehors sont suspendus. Ce travail, qui est très-lent, a encore l'inconvénient de faire soulever une poussière qui nuit beaucoup à la santé des ouvriers.

Par quoi remplace-t-on maintenant le fléau?

Par des *machines à battre* qui expédient promptement le travail ; mais ces machines sont encore trop peu répandues à cause de leur prix élevé. Elles sont surtout employées par les grands cultivateurs.

Comment bat-on le blé avec le rouleau?

On étend les gerbes sur une aire disposée à cet effet, et on fait passer dessus le rouleau traîné par des bœufs ou des chevaux. Ce mode est employé dans le nord et dans quelques départements du centre, de l'est et du midi de la France.

Comment se fait le dépiquage?

Après avoir étendu les gerbes sur une aire circulaire, comme pour le rouleau, on fait trotter dessus des chevaux dressés à ce genre de travail. Ce moyen, employé dans le midi et dans le sud-est de la France, est très-expéditif.

Quel est le rendement du blé?

Le rendement du blé, dans quelques départements du centre, est peu satisfaisant : cela tient au mauvais système de culture. En moyenne, on obtient 8 pour un. Ce produit est bien faible, si on le compare à celui du nord de la France, qui est de 13 à 14 pour un.

Quelle différence y a-t-il, pour la culture, entre les blés de printemps et ceux d'automne?

La culture des blés de printemps ne diffère de celle des blés d'automne qu'en ce que ceux-là se sèment au printemps et exigent que le terrain soit bien pulvérisé pour la semaille.

Quelle différence y a-t-il entre la culture des blés ordinaires et celle des épeautres?

Dans les pays où l'on cultive les épeautres, on les traite comme le blé; cependant, la semaille des épeautres peut se retarder quelquefois jusqu'en décembre.

7. — Des maladies qui attaquent le blé.

Quelles sont les maladies qui attaquent le blé?

Les maladies qui attaquent le blé, tant qu'il est encore sur la terre, sont : la *carie*, le *charbon*, la *rouille* et *l'ergot*.

Quelle partie de la plante attaque la carie?

La *carie*, appelée aussi *noir*, *nielle*, *cloque*, *moucheture*, attaque les grains, qui diffèrent peu en apparence des grains sains. Toutefois, l'écorce est plus mince, un peu ridée et d'un gris obscur. Les grains cariés cèdent facilement sous la pression du doigt, et, au lieu de farine, ils contiennent une poussière noire-brune, excessivement fine et onctueuse au toucher, et d'une odeur qui rappelle exactement celle du bois pourri.

A quoi cette maladie est-elle attribuée?

Cette maladie, qui est extrêmement contagieuse, est considérée comme le résultat d'un champignon particulier qui se développe dans l'intérieur du grain.

Qu'est-ce qui favorise cette maladie?

L'humidité, les brouillards, ainsi que les alternatives

de soleil et de pluie qui surviennent quelquefois au prin temps, favorisent la carie.

Quel moyen emploie-t-on pour la prévenir?

Pour la prévenir, on chaule la semence du blé.

Qu'est-ce que le charbon?

C'est une poussière noirâtre qui s'attache au grain.

A quoi l'attribue-t-on?

On l'attribue à la présence d'une plante parasite de la famille des champignons, qui se développe sur le grain, et se propage par la dispersion d'une poussière noirâtre.

En quoi le charbon diffère-t-il de la carie?

Le charbon diffère de la carie en ce que celle-ci a une odeur assez forte, et que le charbon n'en a pas; que tous les grains d'un pied sont charbonnés, tandis que, dans la carie, le nombre des épis gâtés n'est jamais considérable.

Qu'est-ce qui favorise le charbon?

L'humidité et les longues pluies paraissent favoriser le charbon.

Qu'est-ce que la rouille?

La *rouille* consiste dans des taches jaunâtres dont se couvrent les feuilles et les épis; elle a pour résultat de diminuer considérablement les récoltes.

A quoi est due la rouille?

La rouille est due à un champignon parasite qui s'établit sur le grain.

Fait-elle de grands ravages?

Ses ravages sont tels, qu'ils peuvent compromettre

quelquefois toute une récolte ; et ce qu'il y a de plu déplorable, c'est qu'on ne connaît encore aucun moyen pour l'arrêter. Elle est plus fréquente dans les années humides que dans les années de sécheresse.

Qu'est-ce que l'ergot?

L'*ergot*, appelé aussi *blé d'abondance*, consiste en un grain long, violet à la surface, ayant la forme d'un ergot de coq, qui vient sur l'épi. Si l'on casse ce grain, il est blanc et cotonneux en dehors; il a une odeur désagréable et une saveur légèrement sucrée.

L'ergot fait-il de grands ravages?

Cette maladie fait quelquefois perdre le tiers de la récolte, et, ce qui est plus fâcheux, c'est que l'usage de la farine du blé ergoté peut occasionner des maladies affreuses, la gangrène des membres du corps, par exemple. C'est pour cela qu'il est indispensable de séparer les grains ergotés des autres par le moyen du crible, ou en secouant les gerbes lorsqu'elles sont bien sèches, ou en les épluchant à la main.

L'ergot est-il de quelque utilité?

La peine qu'on prend à tirer les grains ergotés n'est pas perdue, car cette production parasite a un usage en médecine et se vend chez les pharmaciens.

8me LEÇON.

1. — Du Seigle.

Quelle est, après le froment, la céréale la plus utile?

Après le froment, le *seigle* est la céréale la plus utile

à l'homme, qui, dans un grand nombre de pays, et notamment dans les pays de montagnes, en fait sa principale nourriture.

Quelles sont les variétés les plus cultivées?

Les variétés les plus cultivées sont : 1° le *seigle d'hiver*, qui est le plus commun; 2° le *seigle de mars* ou de printemps, qui n'est qu'une variété de seigle d'hiver et qui a la paille plus fine et le grain plus petit que ce dernier; on le cultive beaucoup dans les Cévennes; 3° le *seigle de Russie,* à larges feuilles, à grains bien nourris, donnant beaucoup de paille; 4° enfin le *seigle de la Saint-Jean* ou *seigle multicaule*, à paille et épis allongés et à petits grains. Cette variété, cultivée depuis peu de temps dans quelques localités, est vigoureuse et tardive.

Dans quels terrains cultive-t-on le seigle?

Le seigle se cultive dans toutes les terres légères peu favorables au froment.

A quelle époque se sème-t-il?

Le seigle se sème plus tôt que le blé; l'époque de la semaille varie dans chaque localité : dans les pays froids, on le sème depuis le 20 août jusqu'à la Saint-Michel; dans les départements du centre, on le sème depuis le 1er septembre jusqu'au 15 octobre.

Quelle place occupe le seigle dans la rotation?

Le seigle, dans les sols légers, occupe la même place que le blé dans les autres terres.

Quelle quantité de semence doit-on employer?

On emploie deux hectolitres et demi de seigle par hectare.

Le chaulage de la semence est-il nécessaire?

Le chaulage de la semence n'est pas nécessaire.

Comment se sème le seigle?

Le seigle se sème à la volée, et sur labour frais.

Quels sont les travaux d'entretien qu'exige le seigle?

Le seigle exige les mêmes travaux d'entretien que le blé; il se trouve bien surtout d'un fort hersage donné en mars, comme pour le blé. Cette façon lui est si favorable qu'elle mérite d'être recommandée partout.

Qu'y a-t-il à remarquer sur la floraison du seigle?

L'époque de la floraison est une époque très-critique pour le seigle. Comme il mûrit plus tôt que le froment, les gelées blanches comme les pluies prolongées peuvent contrarier la formation du grain.

A quelle époque le seigle est-il mûr?

Le seigle mûrit huit à dix jours plus tôt que le blé. On doit attendre, pour le couper, qu'il ait atteint sa parfaite maturité, car le grain ne mûrit guère en javelle et il s'égrène moins facilement que le blé.

A quelle époque et comment se bat-il?

Il se bat à la même époque et de la même manière que le blé.

Quel est le rendement du seigle?

Le rendement du seigle est de 12 à 14 hectolitres par hectare.

A quoi sert sa paille?

La paille de seigle sert à recouvrir les toits des granges, à faire des liens, et la litière sous les bestiaux.

A quelle époque sème-t-on le seigle de mars?

Il se sème au printemps et se traite comme le seigle d'automne. Il est à remarquer que le seigle d'automne, semé au printemps, ne donne que de faibles produits, tandis que le seigle de mars, semé à l'automne, donne beaucoup.

Quelles sont les maladies du seigle?

Le seigle est sujet à être attaqué par toutes les maladies qui atteignent le froment, et principalement par l'ergot qui lui est beaucoup plus nuisible qu'au blé.

2. — Du Méteil.

Qu'est-ce que le méteil?

Le *méteil* est un mélange de seigle et de froment; on met ordinairement un tiers de froment et deux tiers de seigle; par ce mélange, on a quelquefois une plus grande quantité de grains, mais on perd sur la qualité, car les deux céréales ne mûrissent pas en même temps.

9me LEÇON.

De l'Orge.

Qu'est-ce que l'orge?

L'*orge* est une céréale très-importante, quoique sa farine, qui est plus courte que celle du froment et du seigle, ne s'emploie que très-rarement à la fabrication du pain.

Pourquoi cultive-t-on l'orge?

Dans une grande partie de l'Europe, et surtout dans les pays du nord, l'orge est cultivée pour servir à la fabrication de la bière; dans le midi, son grain est souvent substitué à l'avoine pour la nourriture des chevaux; dans le centre, sa farine sert à faire une bouillie recherchée par les habitants de la campagne; coupée en vert, elle fournit un excellent fourrage.

Combien y a-t-il d'espèces d'orges?

Il y a des variétés d'orges d'hiver et des variétés de printemps.

Quelles sont les principales variétés d'hiver?

Les principales variétés d'orges d'hiver sont: 1° l'*orge d'hiver*, appelée aussi *escourgeon* ou *sucrion*, très-estimée en France; elle est regardée dans le nord comme la plus productive de toutes les orges et comme la meilleure pour la bière; elle est à six rangs; — 2° l'*orge carrée, à six rangs*, ou *orge commune*.

Quelles sont les principales variétés de printemps?

Les principales variétés de printemps sont: 1° la *grande orge* à deux rangs ou *orge de printemps*, très-répandue en Allemagne et dans l'est de la France; — 2° l'*orge couverte* à deux rangs, appelée, dans le Poitou, *baillard* ou *baillarge*, la seule employée dans les départements du centre pour la fabrication de la bière. Son grain est plus gros que celui de l'escourgeon; — 3° l'*orge céleste*, appelée aussi *orge carrée nue*, à six rangs, regardée comme une des plus productives dans les bons terrains; — 4° l'*orge nue* à deux rangs, dont le grain est pour le moins aussi lourd que celui du froment, et dont la farine est supérieure à celle de toutes les orges; cependant, elle est peu cultivée, parce qu'elle rend moins en volume, que sa paille, très-cassante comme celle de l'orge céleste, compromet la récolte dans les années pluvieuses, et qu'elle est très-difficile à battre.

Quel est le terrain qui convient à l'orge?

Elle veut un terrain meuble, frais et bien fumé ; on la sème presque toujours après le chanvre.

A quelle époque sème-t-on l'orge?

Les orges d'hiver se sèment dans le mois de septembre, et les orges de printemps dans le mois de mars ; la semence est recouverte sous raie.

Quelle quantité de semence faut-il employer?

On sème environ 250 litres par hectare, et le rendement, qui n'est d'ordinaire que de 6 à 8 pour 1, peut arriver à 20, avec une sage culture.

Quels sont les travaux d'entretien exigés par l'orge?

On donne peu de façons à l'orge; un roulage suffit pour les terrains qui ont besoin de cette opération.

A quelle époque l'orge est-elle mûre?

L'orge mûrit plus tôt que toutes les autres céréales; c'est la première ressource des cultivateurs. On la coupe depuis la Saint-Jean jusqu'au 1er juillet. Elle est immédiatement liée en gerbes, transportée et battue. On fait sécher le grain avant de le porter au moulin.

L'orge cultivée comme fourrage vert est-elle bien précieuse?

L'orge cultivée comme fourrage vert donne un excellent produit : c'est ordinairement l'escourgeon qu'on cultive dans ce but. Cette plante est donnée aux chevaux, aux jeunes poulains, aux vaches laitières et à tous le animaux fatigués ou malades. Elle purge les bestiaux qui la mangent et leur fait prendre de l'embonpoint. Pour cela, on la coupe au fur et à mesure des besoins et on la donne petit à petit.

Est-il nécessaire de chauler la semence d'orge?

On n'est pas dans l'usage de chauler la semence d'orge; cependant cette précaution est très-utile.

Quelle est la maladie qui attaque l'orge?

C'est le charbon, qui détruit souvent une bonne partie des épis.

10me LEÇON.

De l'Avoine.

L'avoine est-elle une céréale bien importante?

L'*avoine* est moins importante que les autres céréales : son grain est spécialement destiné aux chevaux; sa farine donne un pain noir, lourd, amer et d'une saveur désagréable; elle sert principalement à faire une bouillie recherchée par les cultivateurs; dans les départements du centre et dans la Bretagne, on fait du gruau d'avoine très-utilisé comme aliment.

A quoi sert la balle d'avoine?

A faire les balasses des lits.

Combien y a-t-il de sortes d'avoines?

On distingue plusieurs sortes d'avoines, savoir. — 1° l'*avoine d'hiver*, grande et rustique, à balles rayées de gris-brun; ses grains sont nombreux, pesants et de très-bonne qualité; — 2° l'*avoine commune de printemps*, à grains allongés, lisses et de couleur variable, la plus cultivée de toutes; — 3° l'*avoine blanche* et l'*avoine noire de Hongrie*, l'une à grains blancs, l'autre à grains noirs, formant une grappe placée du même côté de la tige; elles sont très-productives, surtout la dernière; — 4° l'*avoine patate*, à grain court mais pesant et farineux, très-répandue en Angleterre; — 5° la *civade* ou *petite avoine*, cultivée dans les Cévennes et dans les montagnes du Var

Quels sont les terrains qui conviennent à l'avoine?

L'avoine est, de toutes les céréales, la moins exigeante sous le rapport du terrain. Elle vient dans tous les sols; cependant, la variété d'hiver veut un bon fonds de terre pour donner un bon produit.

Après quelles récoltes vient l'avoine?

L'avoine vient bien surtout après un trèfle rompu, après les plantes sarclées, et dans un sol nouvellement défriché. Dans tous les cas, il faut que le terrain soit bien préparé par des labours et des hersages.

A quelle époque sème-t-on l'avoine d'hiver?

L'avoine d'hiver se sème dans la dernière quinzaine du mois d'août, dans la proportion de 180 à 200 litres par hectare.

Quels sont les travaux d'entretien qu'on donne à l'avoine d'hiver?

Comme cette espèce d'avoine favorise l'accroissement des mauvaises herbes, surtout du chiendent et de la folle-avoine, dès que le printemps arrive, on lui donne un hersage énergique, et de nombreux sarclages pendant sa végétation.

A quelle époque sème-t-on l'avoine de printemps?

Le mois de mars est l'époque la plus convenable pour la semaille de l'avoine de printemps. Le proverbe suivant indique parfaitement le moment le plus favorable pour y procéder : *L'avoine de février remplit le grenier; l'avoine de mars se met à part; l'avoine d'avril se donne au cheval, et l'avoine de mai doit être jetée.* En règle générale, il faut semer l'avoine dès qu'on n'a plus à craindre les fortes gelées qui pourraient lui nuire.

La semence d'avoine doit-elle être chaulée?

Le chaulage de la semence d'avoine doit être recommandé pour prévenir le charbon, auquel cette plante est sujette.

Dans quel état doit être le terrain au moment de la semaille!

La terre doit être parfaitement ameublie et fumée si elle est pauvre; dans un terrain riche, le fumage serait nuisible, car il ferait verser la plante.

Quelle quantité de semence faut-il employer?

On sème à la volée 150 litres par hectare et l'on couvre sous raie ou par un coup de herse.

Quels sont les travaux ultérieurs à donner à cette plante?

Les travaux ultérieurs sont beaucoup trop négligés; rien n'est plus favorable à cette plante qu'un hersage énergique qui lui est donné lorsqu'elle a acquis quelques centimètres de hauteur.

Que redoute l'avoine pendant sa végétation?

Pendant sa végétation, l'avoine redoute la sécheresse ; si les hâles de l'été la surprennent lors du développement de la panicule (1), la plante n'épie qu'imparfaitement. La pluie, au contraire, favorise son développement.

A quelle époque l'avoine est-elle mûre ?

L'avoine est mûre au mois d'août ; cependant, il est très-difficile de déterminer le moment précis de la maturité, car les grains du sommet de l'épi mûrissent plus tôt que les inférieurs ; on doit donc couper l'avoine un peu avant sa maturité, si l'on ne veut pas perdre une partie des grains.

Comment traite-t-on les javelles?

Après avoir coupé l'avoine, on la laisse sur le sol en javelles pendant un certain nombre de jours, et quelques cultivateurs l'y laissent jusqu'à ce qu'elle ait reçu une averse. Cette opération, qui s'appelle le *javelage*, a pour but d'achever la maturité du grain, d'augmenter son volume et de lui donner une bonne couleur.

Quel est le rendement de l'avoine?

Dans les pays de bonne culture, l'avoine de printemps donne 14 et 15 pour un ; l'avoine d'hiver rend davantage ; son grain est plus gros et sa farine meilleure, ce qui fait qu'on la cultive principalement pour servir de nourriture à l'homme.

Observation.

Pour semer les céréales, peut-on se servir de toute espèce de graine?

Pour semer le blé et les autres céréales, on ne doit,

(1) Assemblage des fleurs.

autant que possible, se servir que de graine de l'année précédente, c'est-à-dire de celle de la dernière récolte. Si l'on semait de la graine vieille, une partie des grains auraient perdu leur faculté de germer et se pourriraient dans la terre.

11me LEÇON.

Du Maïs.

Qu'est-ce que le maïs?

Le *maïs*, appelé aussi *blé d'Espagne*, *blé de Turquie*, appartient aux graminées par la production de sa farine, et aux plantes sarclées par son mode de culture. Dans quelques départements du centre, de l'ouest et du midi de la France, il occupe une place importante dans la rotation ou succession des récoltes.

A quoi sert la farine de maïs?

Elle sert à la nourriture de l'homme ; dans ce cas, on en fait de la bouillie ou des espèces de gâteaux très-sains et d'une digestion facile.

A quoi servent le grain et les spathes du maïs?

Son grain est employé à la nourriture de la volaille et des cochons ; ses spathes (1) servent à remplir les paillasses des lits.

Est-il avantageux de cultiver le maïs comme fourrage vert?

Cultivé comme fourrage vert, le maïs rafraichit les

(1) La spathe est la gaîne ou enveloppe de la fleur.

bestiaux et les maintient frais et luisants au milieu des chaleurs de l'été; les bœufs et les vaches en sont particulièrement avides; il augmente la quantité de lait de ces dernières et lui donne un goût exquis.

A quel usage peut servir la tige de maïs?

Des essais récents ont appris que la tige du maïs contient une grande quantité de sucre. Sous ce rapport, cette plante semblerait plus productive que la betterave; elle aurait sur cette dernière un avantage précieux, puisque l'extraction du sucre ne nuirait en rien à la culture ordinaire du maïs, ni à sa production en grain.

Y a-t-il plusieurs variétés de maïs?

On connaît aujourd'hui plusieurs variétés de maïs : les unes à grains roux et les autres à grains blancs.

Quelles sont les variétés à grains roux?

Les variétés à grains roux sont : — 1° le *maïs d'août* ou *d'été*, qui vient à maturité dans le mois d'août; — 2° le *maïs d'automne* ou *tardif*, qui ne mûrit que dans l'arrière-saison; — 3° le *maïs quarantain*, aussi très-cultivé, et qui mûrit en quarante jours dans les conditions les plus favorables à sa culture; — 4° le *maïs nain* ou *à poulet*, remarquable par la petitesse de ses dimensions, cultivé principalement pour la volaille.

Cultive-t-on les variétés à grains blancs?

On ne cultive guère que le *maïs d'automne*, à grain blanc, qui mûrit assez promptement, et qui est plus approprié aux terrains humides que les variétés à grain coloré.

4.

Dans quel terrain vient le maïs?

Il aime de préférence un terrain argilo-sablonneux et frais.

A quelles plantes doit-il succéder?

Il doit succéder au blé ou au seigle.

Dans quel état doit être le sol au moment de la semaille?

Le sol doit être convenablement ameubli par les labours et les hersages, et bien fumé. Le fumier est enfoui par le labour qui précède la semaille et qui doit être peu profond, afin que les racines coronales puissent atteindre les engrais à mesure qu'elles se développent.

Faut-il chauler la semence de maïs?

On ne chaule pas la semence de maïs; cependant il serait très-utile de le faire, car il est très-sujet au charbon.

De quelle graine doit-on se servir?

On ne peut se servir, pour la semaille, que de graine de la récolte précédente.

A quelle époque sème-t-on le maïs?

On le sème depuis la mi-avril jusqu'au milieu de mai; il faut toujours attendre qu'on n'ait plus rien à craindre des gelées et que la terre soit échauffée, car la chaleur est nécessaire pour faire germer la graine.

Comment plante-t-on le maïs?

On le plante en lignes espacées de 40 centimètres environ, en répandant la graine dans le sillon tracé par le labour; on met 3 et 4 grains ensemble et on espace les tas de 33 centimètres.

Est-il nécessaire de recouvrir la semence de beaucoup de terre?

Il importe, au contraire, que la semence ne soit recouverte que superficiellement pour qu'elle ne se pourrisse pas : à cet effet, la personne qui place la graine dans le sillon la recouvre, avec le pied, d'une certaine quantité de terre, 2 centimètres dans les terres fortes et 3 dans les terres légères.

Quelle est la première façon que reçoit le maïs?

Lorsque le maïs a atteint 8 à 10 centimètres de hauteur, on lui donne un premier sarclage dans le but de détruire les mauvaises herbes et d'ameublir la terre. Pendant l'opération, il faut éviter soigneusement de recouvrir la tige, ce qui pourrait la faire pourrir, surtout s'il entrait de la terre dans le cornet.

Que fait-on ensuite?

Quelque temps après, lorsque le maïs a atteint 25 à 30 centimètres, on procède au second sarclage, et on butte un peu. On éclaircit alors les pieds et on réserve les plus vigoureux, qui doivent être, ainsi que nous l'avons dit, à 33 centimètres les uns des autres. Ceux qu'on arrache peuvent être donnés aux bestiaux. Quinze ou vingt jours après, on butte la plante, soit avec la houe à main, soit avec la charrue à deux versoirs.

Que fait-on lorsque la floraison est accomplie?

Lorsque la floraison est accomplie, ce que l'on reconnaît aux houppes noirâtres qui pendent sur l'épi, on casse la sommité des tiges au nœud le plus près de l'épi, et ces tiges, ainsi que les branches latérales qu'on casse en même temps, sont un excellent fourrage. Depuis ce moment, on abandonne la plante à elle-même jusqu'à sa maturité, qui a lieu communément à la fin de septembre ou au commencement d'octobre.

Si l'on veut utiliser l'espace compris entre les pieds, que fait-on?

Lorsqu'on veut utiliser l'espace compris entre les pieds, on sème des haricots; mais alors la terre s'épuise davantage, et les travaux d'entretien sont beaucoup plus difficiles.

Quelle est l'époque la plus convenable pour la récolte du maïs?

L'époque la plus convenable pour la récolte du maïs est le moment où les feuilles jaunissent et où les tuniques qui enveloppent l'épi offrent une couleur blanchâtre et laissent apercevoir le grain.

Que fait-on pour hâter la maturité du grain?

Quelques cultivateurs, pour hâter la maturité du grain, retroussent les tuniques du maïs quinze jours avant la récolte; mais on s'expose alors à le voir dévorer par les pies, qui en sont très-avides.

Comment se récolte le maïs?

Le maïs se récolte à la faucille ou à la serpe : on coupe les épis au nœud le plus rapproché; on met ensuite les grains à nu en repliant en arrière les tuniques qui les enveloppent; on réunit ensemble plusieurs épis qu'on attache par les tuniques pour les suspendre dans un lieu aéré à l'abri de la pluie.

Comment se fait l'égrenage?

Lorsque le maïs est sec, on procède à l'égrenage de la manière suivante : plusieurs ouvriers se placent autour d'une comporte (1) et frottent l'épi contre le bord intérieur : le frottement détache les grains qui tombent dans la comporte. Quelquefois on frotte l'épi contre une tige de fer ou contre un fer de bêche, et on reçoit les grains dans un vase; d'autres fois enfin on égrène le maïs en frottant deux épis l'un contre l'autre.

Que fait-on après l'égrenage?

Après l'égrenage, de quelque manière qu'il soit fait, on vanne le grain, et on le met en tas qu'on remue fréquemment.

Comment conserve-t-on la semence?

Le grain de semence doit se conserver en épi; et l'on doit n'employer à cette fin que les grains du milieu de l'épi, et non ceux du bas et du sommet.

Quel est le rendement du maïs?

Le rendement du maïs est, en moyenne, de 15 hectolitres par hectare; on peut en obtenir jusqu'à 30 par une culture bien soignée.

Comment sème-t-on le maïs lorsqu'on veut le convertir en fourrage vert?

Le maïs, cultivé comme fourrage vert, se sème à la volée, fin mai, sur les jachères, ou en récolte dérobée après le seigle et l'orge. Dans ce cas, on sème dru pour obtenir un bon fourrage.

(1) Comporte, grand vaisseau de bois.

12me LEÇON.

Du Sarrasin.

Qu'est-ce que le sarrasin?

Le *sarrasin*, connu vulgairement sous le nom de *blé noir*, est une céréale très-utile pour les pays pauvres.

A quoi sert sa farine?

Sa farine, convertie en bouillie, en galettes et en gâteaux, est la principale nourriture des cultivateurs du centre de la France et de la Bretagne.

A quoi sert son grain?

Son grain est consacré, dans certaines contrées, à la nourriture de la volaille et des cochons.

Combien y a-t-il de variétés de blé noir?

On en connaît trois variétés, savoir : — 1° le *blé noir ordinaire*, à grain gros et d'un gris d'ardoise; — 2° le *blé noir à grappes*, dont le grain, plus petit que celui du sarrasin ordinaire, est disposé en grappes sur la tige et donne une farine plus belle et meilleure que ce dernier; — 3° le *sarrasin de Tartarie*, à grain dur, à tige jaunâtre, ferme et ramifiée. Son grain se moud plus difficilement que celui des précédents; sa farine est noirâtre et amère.

Quels sont les terrains qui conviennent au sarrasin et à quoi doit-il succéder?

Le sarrasin réussit dans tous les terrains; il est généralement cultivé en récolte dérobée, après l'orge et le seigle.

A quelle époque se sème-t-il?

Dans les pays froids, on le sème du 15 mai au 15 juin; dans les autres, du 15 juin au 15 juillet; et bien souvent, après la récolte du seigle ou de l'orge. Le terrain est ameubli par des labours et des hersages qui détruisent toutes les mauvaises herbes, et reçoit une bonne fumure; quelquefois il ne reçoit aucun labour préparatoire; le grain est semé sur l'éteule et recouvert par un coup de charrue.

Comment doit-il être semé?

Le sarrasin doit être semé très-clair : 40 litres de semence par hectare suffisent.

Quels sont les travaux d'entretien?

Le sarrasin ne demande aucun travail jusqu'à la récolte, si ce n'est un petit sarclage pour le débarrasser de la rave sauvage.

A quelle époque a lieu la récolte?

La récolte du sarrasin a lieu en septembre et octobre; après qu'il a été coupé, on met les javelles debout, les têtes en l'air, en les appuyant les unes contre les autres, au nombre de trois; lorsqu'elles sont restées deux ou trois jours dans cet état, on bat le sarrasin et on le vanne immédiatement. Le grain est mis en tas et remué fréquemment.

Quel est le rendement du sarrasin?

Le sarrasin rend, en moyenne, 15 pour 1; on peut obtenir jusqu'à 40 et plus, dans les années favorables, par une bonne culture.

Que craint le sarrasin?

Il est exposé à trois fléaux qui compromettent sérieusement la récolte : — 1° le vent du midi souffle-t-il pendant quelques jours, surtout lorsque la plante est en fleur, les feuilles se flétrissent, la tige se dessèche et périt comme si elle avait été brûlée ; — 2° les pluies tenaces au moment de la floraison déterminent la coulure, et le font verser ; — 3° enfin, les gelées tardives ou précoces lui sont funestes.

II. — Des plantes à graines farineuses.

Qu'est-ce que les plantes à graines farineuses?

Les *plantes à graines farineuses* sont celles dont les graines donnent une farine propre à remplacer celle des céréales dans toute autre operation que celle de la fabrication du pain. Ce sont : les *haricots*, les *fèves*, les *lentilles*, les *pois*, et le *riz*.

13me LEÇON.

Des Haricots.

Pourquoi cultive-t-on les haricots?

Les *haricots* sont cultivés pour être mangés, soit en vert avec la cosse, soit à l'état sec sans la cosse. Dans le premier cas, on les appelle *haricots verts* ou *haricots blancs*, et, dans le second, *haricots secs* ou *fèves de haricots*. Ce n'est que dans les potagers qu'on cultive les haricots verts; la grande culture s'occupe des haricots secs.

Comment divise-t-on les haricots?

On divise les haricots en deux sections principales : les *haricots ramés,* dont la tige est grimpante et a besoin d'un appui; et les *haricots nains,* dont la tige ne s'élève pas et n'a pas besoin d'appui.

Quelles sont les variétés de haricots nains qu'on sème en plein champ?

Les haricots nains qu'on cultive en plein champ sont : 1° le *haricot nain de Soissons,* à grain blanc et plat, à fleur blanche et à gousse de moyenne grandeur : il est hâtif et productif; 2° le *haricot nain blanc,* à graine blanche, petite, aplatie; — 3° le *haricot solitaire* ou de *Laon,* à grain blanc terne, allongé, un peu cylindrique. Cette variété, qui est l'une des plus productives, est aussi une des plus estimées.

Ne cultive-t-on pas quelquefois des haricots ramés en plein champ?

Dans les pays où l'on cultive le maïs, on sème des haricots avec cette plante qui leur sert de rames; on choisit alors de préférence : 1° le *haricot de Soissons,* à graine blanche et plate, très-productif et tardif. Sa fleur est blanche et sa gousse très-longue; — 2° le haricot *prédame* ou *mange-tout,* connu aussi sous le nom de *haricot à la coque,* à grain rond, blanc ou tacheté de rouge, à gousse courte, épaisse et sans filaments.

Quel est le terrain qui convient aux haricots?

Les haricots aiment un terrain frais et qui a été parfaitement ameubli par des labours.

A quelle époque les sème-t-on?

On les sème à partir de la première quinzaine de mai jusqu'à la fin de juin.

A quelle distance se plantent les haricots nains?

Les haricots nains, les seuls cultivés en grand, se plantent à raies espacées de 3 décimètres, et les grains sont placés dans le sillon un à un ou par groupes de deux ou trois, espacés de quinze centimètres.

Que fait-on lorsque la plante a levé?

Quelque temps après la levée de la plante, on sarcle; et deux ou trois jours après, on butte. La plante est ensuite abandonnée à elle-même.

Que faut-il éviter dans la culture des haricots?

On doit éviter de travailler les haricots lorsque les feuilles sont mouillées, ce qui exposerait les plantes à rouiller et nuirait beaucoup à la récolte.

Que craint le haricot?

Le haricot craint beaucoup l'humidité et pourrit facilement : c'est pourquoi l'on doit éviter de le planter par la pluie. Si, après la plantation, il survient une pluie et s'il se forme une croûte à la surface de la terre, il faut la rompre afin de faciliter la sortie de la jeune plante.

De quelle graine faut-il se servir?

Le haricot perd facilement sa faculté de germer; il est donc essentiel de ne se servir que de la graine de la dernière récolte.

Comment récolte-t-on les haricots?

Lorsque les haricots sont mûrs, on arrache les pieds; on en forme des bottes qu'on lie et qu'on suspend pour les faire sécher, puis on les bat au fléau.

14me LEÇON.

Des Fèves.

Qu'est-ce que la fève?

La *fève* est une plante annuelle, de la famille des légumineuses, qu'on cultive pour sa graine qui sert de nourriture aux hommes et aux animaux. Elle est ordinairement blanche, quelquefois rouge ou d'un gris cendré, et toujours marquée d'une tache noire, allongée, à l'une de ses extrémités.

Quelle est la variété la plus cultivée?

La variété appelée *fèverolle*, violette, et qui a une gousse longue, paraît mériter la préférence.

Dans quels terrains réussit la fève?

La fève réussit dans tous les terrains, à moins qu'ils ne soient trop légers ou trop humides; car, quoiqu'elle aime la fraîcheur en général, en dépit de sa vieille qualification (*fève de marais*), elle redoute beaucoup l'humidité stagnante.

Comment la cultive-t-on?

On la cultive seule ou avec le blé.

Comment la sème-t-on si on la cultive seule?

La fève, cultivée seule, doit être traitée comme le haricot; seulement, on peut semer la fève plus tôt que ce dernier, et même dès que le sol, au printemps, est suffisamment ressuyé.

Si on la cultive avec le blé, comment procède-t-on?

Lorsque la fève est cultivée avec le blé, elle est semée

en même temps que cette céréale et profite des façons qu'elle reçoit.

Par quoi sont attaquées les fèves au moment de la floraison?

Le moment de la floraison est une époque difficile pour les fèverolles, car elles sont sujettes à être attaquées par la nielle et par les pucerons : ceux-ci paraissent d'abord à la sommité des tiges, et bientôt ils se répandent sur toute la plante et la font dépérir.

Que fait-on pour s'opposer aux ravages des pucerons?

Pour s'opposer aux ravages des pucerons, on butte les plantes aussitôt après l'apparition des fourmis, qui précèdent les pucerons de quelques jours, et l'on coupe l'extrémité des tiges à la faucille. Cette opération fait non-seulement que les fèverolles résistent mieux aux insectes, mais encore que les fruits mûrissent beaucoup plus tôt.

Comment reconnaît-on que les fèves sont mûres?

Lorsque les fèves sont mûres, les gousses et les tiges prennent une teinte noire ; mais, pour commencer à couper les tiges, il ne faut pas attendre que ces signes soient très-prononcés : il suffit que le grain soit bien formé.

Comment place-t-on les javelles?

Les fèverolles coupées sont étendues sur terre en javelles, ou traitées comme les haricots.

Quel est le rendement des fèves?

Lorsque les fèves sont bien soignées pendant leur végétation, elles donnent jusqu'à 18 ou 20 hectolitres par hectare.

15me LEÇON.

Des Lentilles

A quelle classe de plantes appartiennent les lentilles?

Les *lentilles* appartiennent à la classe des plantes alimentaires et à celle des plantes fourragères.

Quelles sont les variétés les plus cultivées?

On en cultive deux variétés : la *grande lentille*, dont le grain fortement comprimé est de couleur blonde ; et la *petite lentille*, appelée aussi *lentille à la reine*, ou *lentillon* ou *lentille rouge*, qui est plus petite de moitié que la précédente, et dont les grains sont plus bombés et plus délicats.

Quel est le terrain qui convient aux lentilles?

Toutes les lentilles sont propres aux assolements des terres légères; elles redoutent la trop grande humidité plus qu'elles ne craignent la trop grande sécheresse; aussi croissent-elles beaucoup mieux que les fèves, les haricots, les pois, même sur les sols d'une médiocre qualité.

A quelle époque et comment les sème-t-on?

On les sème dans la dernière quinzaine d'avril, après une céréale, sur un sol préparé par un ou deux labours, principalement en lignes, à moins qu'on ne veuille les cultiver comme fourrage vert, auquel cas on les sème à la volée. La semence est recouverte à l'aide d'un léger râteau ou d'une herse de branchages.

Quels sont les travaux d'entretien qu'on donne aux lentilles ?

Les travaux d'entretien consistent en des sarclages et des binages, répétés toutes les fois que le besoin s'en fait sentir.

Quel est le moment le plus favorable pour récolter les lentilles ?

Le moment le plus favorable pour récolter les lentilles est celui où les feuilles inférieures se détachent d'elles-mêmes de la tige et où les plus grosses prennent une teinte roussâtre : on les arrache et on les laisse sécher en petites bottes ; on les bat au fléau au fur et à mesure de la consommation qu'on en fait.

Comment conserve-t-on la graine des lentilles d'hiver ?

La lentille d'hiver est difficile à conserver en graine comme en paille; elle donne naissance à des insectes destructeurs qui en mangent la partie farineuse. Si l'on veut conserver la graine, il faut la trier et l'éprouver dans l'eau froide aussitôt qu'elle a été battue; on rejette les grains qui surnagent, on met à part ceux qui vont au fond, on les fait ensuite sécher au soleil, on les porte au grenier où on les étend et où il est nécessaire de les remuer de temps à autre.

16me LEÇON.

Des Pois.

Pourquoi cultive-t-on les pois ?

Les *pois*, qui appartiennent à la famille des légumineuses, sont cultivés pour être mangés, soit en vert, soit à l'état sec, ou pour servir de plante fourragère.

Comment se divisent les pois ?

Comme les haricots, les pois se divisent en *pois à rames* et en *pois nains.*

Quelles sont les variétés à rames les plus estimées ?

Les variétés à rames les plus estimées sont le *pois michaux*, le plus hâtif de tous; 2° le *pois vert*, très-rustique et très-cultivé dans les terrains sablonneux; 3° le *pois gourmand*, ou pois *sans parchemin* ou *mange-tout*, qu'on mange en vert avec la cosse; 4° le *pois gris* ou *bisaille*, ou *pois des champs*, le plus estimé pour la culture fourragère.

Quelles sont les variétés de pois nains les plus cultivées ?

Les pois nains les plus cultivés sont : 1° le *pois nain hâtif*, très-précoce, le plus estimé par les cultivateurs; 2° le *pois nain de Hollande* ; 3° le *pois nain vert*, fort bon et le plus productif de tous les pois nains.

Quel est le terrain qui convient à la culture des pois, et à quoi succèdent-ils ?

Les pois viennent dans tous les terrains ; ordinairement, ils succèdent à une céréale, et le terrain doit avoir reçu l'engrais longtemps avant la semaille.

Comment sème-t-on les pois ?

On les sème au mois de mars, à la volée, à raison de deux hectolitres environ par hectare, et l'on recouvre par un coup de charrue en partageant le terrain en planches de six raies, ce qui se fait en pénétrant plus avant dans le sol avec la charrue, lorsqu'on arrive à la septième raie.

Quels sont les travaux d'entretien qu'on donne aux pois ?

Une fois que les jeunes tiges ont pris un petit développement et qu'elles ont reçu un léger binage, on ne leur donne aucun soin jusqu'au moment de la récolte, qui varie suivant qu'on destine les pois à donner du grain ou un fourrage vert. Dans le premier cas, on attend que la plante soit parfaitement mûre; on l'arrache ou on la coupe, et on la met en bottes qu'on fait sécher et qu'on bat au fléau. Dans le second cas, on fauche les pois lorsque les premières feuilles sont tombées; on peut alors obtenir une récolte dérobée sur le même terrain avant de semer les récoltes d'automne.

Que fait-on lorsqu'on veut convertir les pois en fourrage sec ?

Si l'on veut convertir les pois en fourrage sec, on se règle d'après la maturité des gousses inférieures, et l'on n'attend pas que les fleurs du sommet soient nouées (1), parce qu'elles sont encore vertes lorsque les premières sont déjà mûres. Pour les faire sécher, on les étend et on ne les retourne que le matin ou le soir.

(1) Les fleurs se nouent lorsqu'elles passent de l'état de fleurs à celui de fruits.

17me LEÇON.

Du Riz.

Qu'est-ce que le riz ?

Le *riz* est une plante annuelle de la famille des graminées, qui fait la base de la nourriture des peuples dans une partie de l'Asie, de l'Afrique et de l'Amérique. Sa culture a été essayée avec succès en France, dans la Provence, dans le Roussillon, dans le Languedoc, et, de nos jours, dans les landes de la Gascogne.

Combien y en a-t-il de variétés ?

On en connaît deux variétés : le riz *aquatique*, qui se cultive par irrigation, et le riz *sec* qui ne demande qu'une seule irrigation, et croît ensuite comme toutes nos céréales.

III. — Des Plantes fourragères.

Qu'appelle-t-on plantes fourragères ?

On comprend sous le nom de *plantes fourragères* ou *plantes à fourrage* celles dont la tige et les feuilles servent de nourriture aux bestiaux.

Comment s'appelle le terrain sur lequel sont cultivées les plantes fourragères ?

Une *prairie*.

Qu'est-ce qu'une prairie artificielle ?

Une *prairie artificielle* ou *temporaire* est celle qu'on forme en semant une seule espèce de plantes fourragères et qu'on n'exploite que pendant un nombre d'années limité.

Quelles sont les plantes qu'on cultive le plus de cette manière ?

Les plantes qu'on cultive le plus de cette manière sont: le *trèfle*, la *luzerne*, le *sainfoin*, le *ray-grass*, la *gesse*, la *jarosse*, la *vesce*. la *spergule*, et la *lupuline*.

18me LEÇON.

Du Trèfle.

Qu'est-ce que le trèfle, et combien en cultive-t-on de variétés ?

Le *trèfle* est la plante fourragère la plus précieuse; on en cultive trois variétés principales : le *trèfle commun* ou *rouge*, le trèfle *blanc* et le trèfle *incarnat* ou *farouch.*

Qu'est-ce que le trèfle commun?

Le *trèfle commun* ou *rouge* a les feuilles ternées (1) avec la foliole (2) moyenne adhérente à la tige et les fleurs réunies en tête.

Qu'est-ce que le trèfle blanc?

Le *trèfle blanc* a des fleurs blanches portées chacune sur un pédoncule (3) particulier d'une très-grande longueur; ses folioles, dentées en scie, sont plus arrondies

(1) Trois à trois.

(2) On appelle *folioles* les petites feuilles qui forment une feuille composée; la foliole moyenne est celle du milieu.

(3) Queue de la fleur.

que dans l'espèce précédente ; ses tiges sont rampantes à leur base et naturellement couchées sur la terre. Ces deux espèces de trèfles sont bisannuelles (1).

Qu'est-ce que le trèfle incarnat?

Le trèfle *incarnat* ou *farouch*, ainsi appelé à cause de la couleur de ses fleurs, est connu improprement dans quelques départements sous le nom de *luzerne*. Il est annuel (2) et ne donne qu'une coupe.

1. — Du trèfle commun et du trèfle blanc.

Dans quels terrains vient le trèfle?

Le trèfle vient de préférence dans les terres fortes qui ont été suffisamment ameublies par les travaux de culture ; dans les terres légères, il réussit également, mais on ne doit l'y faire revenir que tous les cinq ans ; on a besoin d'engraisser ces sortes de terres et de donner des labours profonds. Les produits, du reste, sont en rapport avec la qualité de la terre.

Comment le sème-t-on?

Le trèfle se sème de plusieurs manières : à l'automne, avec une céréale ou avec le lin d'hiver; et au printemps, avec une récolte de grain, telle que avoine, sarrasin, ou sur une céréale semée à l'automne. Dans le premier cas, après avoir semé la céréale, on sème le trèfle qu'on recouvre légèrement; dans le second, on fait de même, après avoir semé la céréale de printemps; enfin, dans le

(1) C'est-à-dire qu'elles subsistent deux ans.

(2) C'est-à-dire qu'il faut le semer tous les ans.

troisième cas, on ameublit la surface du sol par un hersage, on sème le trèfle, et on le recouvre par un des moyens ci-après ; on peut aussi, après avoir ameubli la surface du sol par un hersage, semer par un temps pluvieux sans enterrer la semence.

Sème-t-on le trèfle seul?

On ne sème jamais le trèfle seul, parce qu'il rend peu l'année même de la semaille et qu'il a besoin d'être abrité pendant les premiers temps de sa végétation.

La graine de trèfle veut-elle être enterrée profondément?

La graine de trèfle est une graine fine, qui ne demande, par conséquent, qu'à être recouverte légerement; c'est pourquoi, quel que soit le mode de culture qu'on adopte pour cette plante, on recouvre la semence avec la herse de bois ou la herse en fer retournée, ou avec un fagot d'épines, ou même avec un râteau.

Quelle place doit occuper le trèfle dans la culture?

Sa véritable place est dans la première céréale qui suit la récolte sarclée et fumée. Alors le sol est assez riche pour assurer une bonne récolte de trèfle, et assez bien nettoyé des plantes nuisibles pour se trouver dans un état satisfaisant de propreté lorsqu'on rompra le trèfle pour le remplacer par une céréale.

Comment répand-on la graine?

On répand la graine de trèfle, à la volée, dans la proportion de 18 à 20 kilogrammes par hectare, et l'on doit apporter le plus grand soin au choix de la semence. La bonne graine est grosse, bien nourrie et d'une teinte jaune ou violette bien brillante. Elle conserve sa faculté de germer pendant assez longtemps, mais sa sortie est d'autant plus lente qu'elle est plus vieille; il est toujours avantageux de se servir de graine de la dernière récolte.

Le trèfle donne-t-il un bon produit?

Pendant la première année, le trèfle ne donne qu'un bien faible produit: ce n'est que lorsque la céréale a été enlevée qu'il entre en végétation, et ce n'est qu'au printemps suivant qu'il commence à donner des produits abondants, surtout si, après lui avoir donné un hersage énergique, on répand deux hectolitres de plâtre par hectare. Cet amendement produit des effets tels qu'on ne doit jamais le négliger lorsqu'on peut se procurer du plâtre, et, dans le cas contraire, on a recours au purin ou au fumier, dont on recouvre le trèfle pendant l'hiver, en ayant soin d'enlever les débris pailleux avec des râteaux au moment où le trèfle commence à partir.

A quel moment coupe-t-on le trèfle lorsqu'on veut le faire consommer en vert?

Lorsqu'on veut donner le trèfle en vert aux bestiaux, on le fauche dès qu'il a atteint 30 à 40 centimètres de hauteur; on coupe au fur et à mesure des besoins, et l'on a l'avantage, par la succession des coupes, de pouvoir entretenir longtemps les bestiaux à l'étable au moment où l'imprévoyance des cultivateurs a laissé vider les fenils.

Cet avantage est-il le seul qu'on retire de l'emploi du trèfle comme fourrage vert?

L'avantage de pouvoir entretenir ses bestiaux à l'étable, et dans un meilleur état, n'est pas le seul qu'on retire de ce genre de *stabulation;* on profite aussi de la grande quantité d'engrais que font les animaux nourris au vert, pour amender la terre, ce qui augmente la quantité des récoltes, en même temps qu'on profite des bras des personnes qui seraient obligées de les garder au pacage.

Le trèfle est-il la seule plante qui procure cet avantage?

La luzerne, le sainfoin, la jarosse, toutes les plantes fourragères procurent le même avantage.

Y a-t-il quelques précautions à prendre en distribuant le trèfle aux bestiaux?

Le trèfle, donné en vert aux bestiaux, leur cause une indisposition appelée la *météorisation*, qui peut avoir des suites fâcheuses. Pour l'éviter, il ne faut donner le trèfle qu'avec réserve, et graduellement, et ne jamais en donner qui soit mouillé ou chargé de rosée.

Si l'on veut convertir le trèfle en fourrage sec, quel est le moment le plus favorable pour le faucher?

Lorsqu'on veut convertir le trèfle en fourrage sec, le moment le plus favorable pour la fauchaison est celui où la plus grande partie des fleurs sont épanouies : si l'on fauchait plus tôt, le produit serait moindre ; plus tard, les tiges seraient moins tendres et la coupe suivante en souffrirait.

Combien le trèfle donne-t-il de coupes?

Le trèfle donne ordinairement deux à trois coupes, qui produisent environ 5 à 6 mille kilogrammes de fourrage sec par hectare.

Combien de temps dure-t-il?

Le trèfle peut durer trois ans; mais il vaut mieux ne le conserver qu'un an, non compris celui de la semaille, pour ne pas laisser envahir la terre par les mauvaises herbes, ce qui aurait lieu surtout si la plante fourragère n'était pas bien garnie.

Comment se fait la fenaison du trèfle?

La fenaison du trèfle se fait de plusieurs manières. Voici les trois méthodes les plus usitées dans les pays où la culture de cette plante a pris un grand accroissement :

1° *Exposez la première méthode, ou méthode ordinaire.*

On laisse le trèfle en *andains* (1), et lorsque la partie supérieure est suffisamment sèche, on le retourne de manière à présenter au soleil la partie qui était en contact avec le sol; quand la dessiccation est complète, on met le trèfle en bottes dans le champ et on le rentre. Cette méthode est la plus lente : 8 jours de beau temps sont nécessaires pour faire sécher le trèfle.

2° *Exposez la seconde méthode ou méthode picarde.*

Tout ce qui a été fauché le matin est laissé en andains tels que les a faits le fauchage. Vers midi, on les retourne sans les éparpiller. Cette opération a pour but de dessécher également les deux côtés. Ce qui est fauché le soir reste intact jusqu'au lendemain. Le lendemain, aussitôt que la chaleur du soleil a fait évaporer la rosée,

(1) Ce qu'un faucheur abat à chaque pas qu'il fait.

on met en petits tas de 12 à 15 kilogrammes tout le trèfle qui a été fauché la veille indistinctement. On a soin de les soulever le plus possible avec la fourche, afin que la chaleur et le vent pénètrent dans tous les sens. On continue à les retourner le jour même et les suivants jusqu'à ce qu'ils soient secs, toujours sans les épandre. Lorsqu'on s'aperçoit que le foin est sec, on le met en bottes et on le rentre à la ferme.

Cette méthode est un peu plus expéditive que la précédente.

S'il survient des ondées pendant l'opération, que faut-il faire?

S'il arrive des ondées pendant l'opération, on n'a qu'à retourner les monceaux de temps à autre, afin d'empêcher le dessous de jaunir.

3° *Exposez la troisième méthode ou méthode à la Klapmeyer.*

La troisième méthode, qui est la plus expéditive, est celle que nous connaissons sous le nom de *fenaison à la Klapmeyer* : on met le trèfle en meules le lendemain même du jour où il a été fauché. Chacune de ces meules doit avoir 3 à 4 mètres de diamètre, et autant de hauteur qu'il est possible; on foule le tas fortement et bien également dans toutes les parties. Ordinairement la fermentation commence à s'y établir peu de temps après que les meules ont été construites, et elle augmente rapidement. Lorsque la chaleur qui se développe à l'intérieur est telle qu'on ne peut y tenir la main, que la vapeur qui se dégage par une ouverture qu'on pratique est sensible à l'œil, et que le fourrage dégage une odeur de miel bien prononcée, on démonte le tas immédiatement, et l'on étend le foin à l'entour. La pluie elle-même ne saurait faire ajourner cette opération sans laquelle tout se gâterait; mais si le mauvais temps continue, on peut, aussitôt que le trèfle est refroidi, le remettre en meules sans craindre qu'il fermente de nouveau. Quelques heures de soleil ou même de vent suffisent pour sécher le trèfle fermenté. Ainsi traité, il prend une couleur brune, les feuilles ne se détachent pas de la tige, et le bétail le recherche avec avidité.

Si une partie du tas n'a pas fermenté, que faut-il faire ?

Il arrive quelquefois qu'une partie de la meule échappe à la fermentation dans les endroits où le vent souffle avec violence; on s'en aperçoit en démontant le tas à la couleur du fourrage, qui est resté vert. On met à part ce dernier que l'on remet en meule pour le faire sécher, en ayant soin de placer ce qui est moins fermenté au milieu du tas.

Comment cette méthode est-elle la plus prompte ?

Cette méthode est sans contredit la plus prompte pour faire sécher le trèfle, puisque dans trois jours il peut être fauché et rentré, et qu'elle permet de mettre promptement la récolte à l'abri du mauvais temps ; elle n'a d'autre inconvénient que d'exiger un grand nombre de bras pour exécuter les divers déplacements du fourrage.

Pourquoi n'éparpille-t-on pas le trèfle comme le foin des prairies naturelles?

On n'éparpille pas le trèfle avec la fourche, dans le but de conserver la feuille, qui est la meilleure partie du fourrage.

Ce que nous venons de dire de la manière de faire sécher le trèfle s'applique-t-il aux autres plantes fourragères?

Pour faire sécher toutes les autres plantes fourragères, on suit le même procédé que pour le trèfle.

Comment se conserve le foin des prairies artificielles?

Le foin des prairies artificielles se conserve au grenier comme celui des prairies naturelles; mais il ne fermente pas comme ce dernier.

Si l'on veut obtenir de la graine de trèfle, que faut-il faire?

Si l'on veut obtenir de la graine de trèfle, c'est ordinairement la seconde coupe qu'on destine à cette fin. Lorsque la gousse présente une belle teinte violette, on fauche le trèfle et on le lie en petites bottes qu'on dresse sur pied pour les faire sécher. Dès qu'il est sec, on le rentre et on le bat au fléau. Un hectare de trèfle porte-graine produit trois à quatre hectolitres.

2. — Du Trèfle incarnat.

Quelle différence y a-t-il entre le trèfle incarnat et les autres trèfles?

Le trèfle incarnat diffère des autres trèfles en ce qu'il se sème seul, qu'il succède immédiatement à une céréale qui vient d'être récoltée, qu'il n'exige aucune culture, et qu'il peut être coupé ordinairement avant tous les autres fourrages, et quinze jours avant le trèfle commun.

Quel terrain demande-t-il?

Il demande des terres peu tenaces, qui ne souffrent pas du séjour de l'eau ; un peu d'humidité au moment de la semaille suffit pour assurer la levée de la plante.

Comment le sème-t-on?

On répand 25 kilogrammes de graine par hectare ou l'équivalent de graines non dépouillées de leurs balles. Il est quelquefois avantageux de semer de cette manière, parce que l'enveloppe de la graine conserve l'humidité qui en facilite la germination.

Comment le recouvre-t-on?

On le recouvre à la herse. Dans les sols sablonneux qui ne sont pas infestés de mauvaises herbes, le mieux est de ne pas labourer après la récolte des céréales, et après avoir semé à la volée, de gratter à la surface par un hersage.

Quelle est l'époque de la semaille?

L'époque de la semaille est le mois d'août : on ne doit guère laisser passer la fin de ce mois pour y procéder, car les semailles hâtives sont celles dont le succès est le plus assuré, puisque la plante acquiert plus de force pour résister aux gelées.

A quelle époque le coupe-t-on?

On le coupe de bonne heure, au printemps, lorsqu'il commence à peine à fleurir, car si l'on attendait un peu plus tard, le duvet qui recouvre la plante nuirait aux animaux : le fourrage vert qu'il produit est recherché par les bestiaux; desséché, il ne forme qu'un fourrage de médiocre qualite.

A quelle époque faut-il récolter la graine?

Pour avoir de la graine, on réserve un petit carreau; on ne doit pas attendre, pour la récolter, sa complète maturité, car on en perdrait alors une bonne partie.

Que reçoit le terrain qui l'a porté?

Le terrain qui a porté le trèfle incarnat, étant libre de bonne heure, peut recevoir une récolte d'avoine, de pommes de terre, de rutabagas, etc.

19me LEÇON.

De la Luzerne, du Sainfoin et du Ray-grass.

Qu'est-ce que la luzerne?

La *luzerne* est une plante légumineuse dont les fleurs sont bleues, les feuilles en trèfle et les gousses en spirale : c'est la plante à fourrage la plus propre à former des prairies artificielles à cause de sa durée et de l'abondante nourriture qu'elle fournit aux bestiaux.

Quel est le terrain qui convient à la luzerne?

La luzerne est la plante fourragère la plus exigeante sur la nature du terrain; elle veut un sol riche, meuble, profond, ne retenant point l'humidité, même dans les couches inférieures. Si elle réussit quelquefois dans des sols peu profonds, c'est que la couche repose sur un lit de pierres calcaires feuilletées qui laissent entre elles des interstices dans lesquels les racines de cette plante peuvent pénétrer.

Comment prépare-t-on le sol ?

Pour préparer convenablement le sol, on le défonce à l'avance à deux fers de bêche, c'est-à-dire à 40 ou 45 centimètres ; on donne une forte fumure ; on y cultive d'abord des pommes de terre, puis on sème la luzerne.

Comment sème-t-on la luzerne ?

On la sème dans une récolte de grains, en mars ou en avril si l'on n'a rien à craindre des gelées tardives, ou plus tard avec le sarrasin, à la volée, dans la proportion de 20 à 25 kilogrammes par hectare ; on couvre avec la herse. Quelquefois, mais rarement, cette plante est semée à l'automne ; mais il faut qu'elle soit assez profondément enracinée pour braver les froids de l'hiver, qui lui sont préjudiciables.

Quels sont les travaux d'entretien qu'on lui donne ?

Pendant la première année, la plante végète faiblement ; mais au printemps suivant, on peut lui donner un léger coup de herse. Au bout de la seconde année, lorsqu'elle est suffisamment enracinée, on lui donne un hersage énergique et tel que le champ soit complétement déchiré : on répète cette opération chaque année, et on ne doit pas craindre de déchirer les collets de la plante par les dents de la herse.

A quelle époque la luzerne entre-t-elle en rapport, et quel est son produit ?

La luzerne n'entre en rapport qu'à la troisième année et elle donne ordinairement trois coupes pendant huit à dix ans ; ces trois coupes produisent par an deux mille kilogrammes de fourrage par hectare.

Quel est le moment le plus convenable pour la faucher?

Le moment le plus favorable pour faucher la luzerne est celui de l'épanouissement des fleurs; la fenaison est la même que celle du trèfle.

Le fourrage de la luzerne est-il recherché par les bestiaux?

Tous les bestiaux recherchent la luzerne ; mais lorsqu'elle a été nouvellement coupée, on doit la ménager, car elle météorise et constipe les animaux. Cet inconvénient disparaît si, après l'avoir coupée, on laisse les tiges se ramollir dans le champ.

Comment récolte-t-on la graine?

Si l'on veut récolter la graine, on attend que les gousses de la troisième coupe soient mûres; on bat les tiges au fléau pour en séparer les gousses qu'on fait passer ensuite sous un moulin à gruger qui les froisse et en détache la graine.

Quelles sont les plantes qu'on peut semer après la luzerne?

La luzerne améliore le sol en ramenant à la surface les sucs qu'elle va chercher dans le sein de la terre par ses longues racines. L'avoine réussit très-bien après une luzerne, et l'on peut encore, sans inconvénient, prendre une récolte de blé sans fumure ; après le blé, vient une plante sarclée.

Qu'est-ce que le sainfoin?

Le ***sainfoin***, appelé aussi ***esparcet*** ou ***esparcette***, est une plante à fleurs roses en épi terminal, qui croît dans les terrains médiocres, sablonneux ou calcaires; il donne un excellent fourrage, moins abondant que la luzerne, mais de meilleure qualité, qui convient à tous les animaux et dont l'excès leur est moins nuisible.

Combien y a-t-il de sortes de sainfoins?

Il y a deux variétés bien distinctes de sainfoins : le *petit sainfoin* ou *sainfoin des montagnes*, et le *grand sainfoin* ou *sainfoin à deux coupes.*

Quels sont les terrains qui conviennent au sainfoin?

Le sainfoin réussit bien dans les sols maigres, pourvu qu'ils aient un sous-sol profond, calcaire ou crayeux; il vient même dans ceux dont la couche est très-légère, pourvu que les racines pivotantes de la plante puissent s'insinuer entre les pierres qui forment le sous-sol. Le sainfoin convient aussi particulièrement dans les coteaux pour lier les terrains et prévenir les éboulements.

Quelle préparation doit recevoir le terrain?

Le terrain qui doit porter le sainfoin est préparé par plusieurs labours, ou par un défoncement à la bêche, et par plusieurs coups de herse, à recevoir cette plante. Il doit être bien nettoyé des plantes adventices.

Faut-il choisir la graine avec grand soin?

Le choix de la semence doit être très-minutieux; la graine de sainfoin perd promptement sa faculté de germer; on ne doit se servir que de celle de la dernière récolte. Pour être bonne, elle doit retentir dans la gousse lorsqu'on en remue une poignée près de l'oreille; le grain doit être pesant, bleuâtre, ou d'un brun luisant à l'extérieur.

Comment sème-t-on le sainfoin?

On le sème à la volée, dans une céréale d'automne ou de printemps, dans la proportion de 4 à 5 hectolitres par hectare, et l'on enterre la graine par un hersage énergique, parce qu'elle veut être mise à la profondeur de 3 à 4 centimètres, ce qui fait qu'on est obligé de passer plusieurs fois la herse pour l'enterrer convenablement.

Pourquoi emploie-t-on une si grande quantité de graine?

Ce qui fait qu'on emploie tant de graine, c'est qu'elle reste dans la gousse pour être semée.

Que fait-on après la levée de la graine de sainfoin?

On le plâtre en y répandant deux hectolitres de plâtre par hectare ; on peut même en répandre un hectolitre au moment de la semaille et l'autre après la levée de la graine; on répète ces plâtrages tous les ans au printemps; à la même époque, on donne aussi un hersage.

Combien de temps dure le sainfoin et quel est son produit?

Avec des soins, il n'est pas rare de le voir durer 8 à 10 ans, et d'en obtenir chaque année une coupe qui donne trois à quatre mille kilogrammes de fourrage sec, qui a sur la luzerne l'avantage de ne pas météoriser les bestiaux, et qui est considéré comme le meilleur de tous.

A quel moment faut-il faucher le sainfoin?

Pour avoir de bon fourrage, on doit faucher le sainfoin au moment où la plupart des têtes sont en fleur ; la fenaison est la même que celle du trèfle (1).

Comment récolte-t-on la graine de sainfoin?

Pour récolter la graine de sainfoin, on fauche quand on s'aperçoit de la maturité du plus grand nombre de gousses; le matin, on le transporte dans des draps; et, en frappant sur les plantes avec le dos de la fourche, on fait tomber les gousses. Les folioles constituent un fourrage choisi; les tiges dépouillées sont encore un bon fourrage, mais de moindre qualité.

Qu'est-ce que le ray-grass?

Le *ray-grass* n'est autre chose que l'ivraie à épillets, à crête sans barbes. Il donne un bon fourrage.

Comment le sème-t-on?

Le ray-grass se sème dans la proportion de 40 à 50 kilogrammes par hectare, sur un sol préparé par des labours répétés. Dans les pays de bonne culture, on l'associe à diverses légumineuses, et notamment au trèfle blanc ou au trèfle rouge, pour former des prairies qui donnent un excellent produit. — On ne fait qu'une coupe dans un terrain sec; on en fait 2 ou 3 dans un terrain humide.

20me LEÇON.

De la Gesse, de la Jarosse, de la Vesce, de la Spergule et de la Lupuline.

Qu'est-ce que la gesse?

La *gesse* est une plante légumineuse qui a une gousse

(1) On peut faire pâturer le regain du sainfoin; mais comme

oblongue, comprimée, et les stipules (1) en demi-fer de flèche.

Combien en distingue-t-on de variétés?

On distingue : la *gesse cultivée*, qu'on nomme aussi *pois gesse;* la *gesse velue*, qui diffère de la précédente par son calice et son légume velus; et la *gesse des prés*, dont les tiges, qui atteignent 40 à 70 centimètres, sont anguleuses et grêles.

A quelle époque sème-t-on la gesse?

La gesse, qui est peu difficile sur le choix du terrain, se sème à l'automne ou au printemps.

Comment se fait la récolte?

On la fauche par petites portions depuis la floraison lorsqu'on veut la faire manger en vert. Si l'on veut la convertir en foin, on attend que la maturité soit complète.

Qu'est-ce que la jarosse?

La *jarosse*, ou *jarousse*, est une variété de gesse appelée la *gesse chiche*. Elle donne un excellent fourrage, recherché par les bestiaux, et qui a l'avantage de ne leur causer aucune indisposition, quelle que soit la quantité qu'ils en mangent.

A quoi sert la graine?

La graine de jarosse, réduite en farine et mélangée avec celle des céréales, sert à faire un mauvais pain;

le collet de la plante s'élève hors de terre, il faut éviter d'y mettre des moutons qui pourraient le ronger.

(1) Petites folioles qui naissent à la base du pétiole ou de la queue des feuilles.

on la mange aussi quelquefois à la manière des petits pois.

Comment sème-t-on la jarosse?

La jarosse, qui croît dans tous les terrains, se sème dans la dernière quinzaine du mois d'août, à la volée, dans la proportion de 250 litres par hectare.

Comment la récolte-t-on?

Au printemps et en été, on la fauche un peu avant la maturité, au fur et à mesure des besoins, si on veut la faire consommer en vert.

Comment récolte-t-on la graine?

Pour obtenir la graine, on laisse mûrir les gousses, on les fauche et on les bat au fléau.

Qu'est-ce que la vesce?

La *vesce* a une tige ordinairement grimpante, souvent grêle, des feuilles ailées (1) et terminées par des vrilles (2) perpendiculaires, des fleurs placées aux aisselles des feuilles, tantôt au nombre d'une à trois, tantôt disposées en épi.

Quelles sont les variétés cultivées?

Celle d'automne et celle de printemps.

A quelle époque sème-t-on les vesces?

La vesce d'hiver se sème au mois d'août et au mois de septembre, et la vesce de printemps au mois de mars. Cette dernière a une grande importance en agriculture, en ce qu'aucune autre plante ne remplace mieux les

(1) En forme d'ailes.

(2) Productions filamenteuses par lesquelles les plantes grimpantes et sarmenteuses s'attachent aux corps qui les avoisinent.

trèfles détruits par l'hiver, et qu'on peut la semer jusqu'en juin.

Quelles sont les terres qui conviennent aux vesces?

Les vesces viennent bien dans les terres franches un peu argileuses; celle d'hiver redoute une grande humidité; celle du printemps, la sécheresse.

Comment les sème-t-on?

La semaille se fait à la volée dans un terrain bien préparé; on met 200 litres par hectare; on met quelquefois un quart d'avoine qui soutient les vesces, très-sujettes à verser.

Comment se fait la récolte?

On les fauche dès qu'elles ont atteint 30 centimètres environ, et à mesure des besoins lorsqu'on veut les faire consommer en vert; et lors de l'épanouissement des dernières fleurs, lorsqu'on veut les convertir en foin : c'est à ce moment qu'elles contiennent le plus de principes nutritifs. Leur fourrage est traité comme celui des autres plantes fourragères.

Qu'est-ce que la spergule?

La *spergule*, appelée aussi *spargoule* ou *sperjule*, est une plante annuelle qui vient dans les terrains sablonneux de tous les pays. Elle est appelée à rendre de grands services aux terrains montagneux et d'un difficile accès, car elle convient parfaitement comme engrais à enterrer en vert dans les sols où elle végète bien. Sa croissance étant très-prompte, on peut fertiliser ainsi des terres où la conduite du fumier serait trop coûteuse ou pour lesquelles on manque d'engrais.

Comment la sème-t-on?

On la sème en mars, à la volée, à raison de 12 kilogrammes de graine par hectare, sur un sol bien ameubli, et on enterre légèrement la semence.

Qu'est-ce que la lupuline?

La *lupuline*, appelée aussi *minette dorée* ou *trèfle jaune*, est une plante fourragère bisannuelle comme le trèfle et qui réussit mieux que lui sur les terres sèches et de médiocre qualité.

Donne-t-elle un bon fourrage?

Son fourrage est recherché par tous les bestiaux et occasionne rarement des indigestions.

Comment la sème-t-on?

On la sème, comme le trèfle, dans une récolte de grains, à raison de 15 à 18 kilogrammes par hectare; elle ne donne généralement qu'une coupe.

Comment obtient-on un bon fourrage?

On obtient un bon fourrage en mélangeant moitié de ray-grass avec moitié de trèfle commun ou de trèfle blanc ou de lupuline.

N'y a-t-il pas d'autres plantes qu'on peut cultiver comme plantes à fourrage?

Outre les plantes dont nous venons de parler, on peut encore cultiver comme plantes à fourrage vert, l'orge, le maïs et l'avoine. L'orge est destinée aux chevaux, l'avoine aux bœufs, et le maïs aux bœufs et aux vaches.

IV. Des plantes-racines ou plantes sarclées.

Qu'appelle-t-on plantes-racines ou plantes sarclées?

On entend par *plantes-racines* celles dont les racines ou les tubercules forment le principal produit : on les appelle *plantes sarclées* ou *récoltes sarclées*, parce qu'on les cultive en lignes, ce qui permet de leur donner plusieurs façons ou sarclages qui ameublissent le sol.

Quelles sont les principales?

Les principales sont : la *pomme de terre*, la *betterave*, la *carotte*, le *navet*, le *rutabaga*, la *rave*, le *topinambour* et l'*igname*.

21me LEÇON.

De la Pomme de terre.

A quelle famille de plantes appartient la pomme de terre?

La *pomme de terre*, originaire d'Amérique, appartient à la famille des solanées (1). On ne mange pas la graine de cette plante, mais sa racine qui est un tubercule farineux et agréable au goût.

Cette plante est-elle bien utile?

Quoiqu'il n'y ait pas encore cent ans qu'elle a été introduite en France, elle est devenue presque indispen-

(1) Famille de plantes dicotylédones dont la graine est presque toujours un poison, comme la *belladone*, la *mandragore*, le *tabac*, etc.

sable à l'existence de l'homme. Tous les animaux domestiques, et la volaille même, mangent bien les pommes de terre cuites ou crues. Ses fanes peuvent être mangées en vert par les bœufs ou les vaches.

Y a-t-il plusieurs variétés de pommes de terre?

On en cultive plusieurs variétés qu'on a obtenues par les semis de la graine : les unes sont *hâtives* et les autres *tardives*.

Quelles sont les variétés hâtives?

Les variétés hâtives les plus répandues sont : la *jaune ronde*, un peu aplatie; la *violette* ou *vitelotte*; et la *petite jaune longue* dite *longuette*, qui est la plus recherchée pour la cuisine.

Quelles sont les variétés tardives?

Les variétés tardives sont : 1° la *patraque jaune*, la plus précoce et la plus farineuse de toutes les espèces tardives; — 2° la *rouge longue*, qui prend moins de grosseur que la précédente, mais qui se gâte moins facilement; — 3° la *blanche commune*, regardée comme une des plus productives. Elle n'est pas aussi bonne que les autres variétés pour la nourriture de l'homme; elle est très-aqueuse, et, par conséquent, elle prend facilement un goût terreux qui la fait refuser même par les bestiaux, qui mangent les autres variétés avec avidité.

Quels sont les terrains qui conviennent à la culture de la pomme de terre?

La pomme de terre vient dans tous les sols; mais elle réussit mieux dans les terres sablonneuses, toutes choses égales d'ailleurs, que dans les autres.

A quoi succède-t-elle et comment prépare-t-on le terrain.

La pomme de terre, comme toutes les autres plantes sarclées, succède à une céréale d'automne ou de printemps; le terrain, surtout s'il est argileux, doit recevoir un labour immédiatement après l'enlèvement de la céréale avant l'hiver. Au printemps, on donne un autre labour et un coup de herse, et l'on conduit le fumier.

Est-il avantageux d'appliquer le fumier directement aux pommes de terre et aux autres plantes sarclées?

On doit toujours donner une fumure directe aux plantes sarclées, parce que les binages répétés détruisent les plantes dont la semence se trouve dans le fumier.

A *quelle époque et comment plante-t-on les pommes de terre?*

Au mois de mars ou au mois d'avril, on plante les pommes de terre de la manière suivante :

On trace les raies à la charrue; si celle-ci prend une largeur de 30 centimètres, on laisse toutes les fois une raie vide, et les lignes se trouvent espacées de 60 centimètres environ; un ouvrier place les tubercules dans le sillon, non négligemment, mais à la main, contre la bande de terre qui vient d'être retournée, en les appuyant pour les enfoncer afin que les bestiaux ne les dérangent pas; dans les saisons humides, il est même rigoureusement nécessaire de les placer contre la bande de terre pour éviter la pourriture; on espace les pieds à 30 centimètres les uns des autres; un second ouvrier répand le fumier dans la raie sur les tubercules, et la charrue, à son retour, couvre le tout.

De quels tubercules doit-on se servir?

On doit employer des tubercules entiers qu'on choisit au moment de la récolte et qu'on met à part pour la semaille ; ils doivent être au moins de la grosseur d'une noix. C'est une mauvaise méthode que de couper les grosses pommes de terre, car outre que les morceaux se pourrissent plus facilement, les tubercules que l'on récolte sont moins gros et d'une qualité moindre qu'en employant des pommes de terre entières.

Quelles sont les façons qu'on donne aux pommes de terre?

Les pommes de terre, ainsi plantées, commencent à lever dans le mois de mai ; lorsqu'elles sont bien sorties, on donne un premier sarclage à la main pour ameublir le sol et pour détruire les mauvaises herbes. Trois semaines après, si les plantes parasites reparaissent, on donne un second sarclage, et, un peu plus tard, on butte à la houe à main ou à la houe à cheval. Ce dernier instrument abrége beaucoup ce travail qui a pour but de ramener la terre sur les racines pour favoriser le développement des tubercules.

A quelle époque se fait la récolte?

Les pommes de terre sont mûres vers la fin du mois de septembre ; on le reconnaît à la flétrissure et à la dessiccation des tiges ; et, comme elles doivent être suivies d'un blé ou d'un seigle, il est convenable de les enlever le plus tôt possible pour ne pas retarder la semaille de la céréale.

Comment se fait l'arrachage?

L'arrachage se fait à la main au hoyau et à la houe,

ou à la charrue. Ce dernier mode est le plus expéditif; mais il est le plus imparfait parce qu'il reste un grand nombre de tubercules dans la terre.

Quel est le rendement des pommes de terre?

Le rendement moyen est de 25 à 30 hectolitres pour un.

Comment conserve-t-on les pommes de terre?

Les pommes de terre sont conservées dans une cave à l'abri du froid et de l'humidité, ou dans des *silos*.

Qu'appelle-t-on silos?

Les *silos* sont des fosses creusées dans un sol à l'abri de l'humidité, ils ont 40 centimètres de profondeur, une largeur égale et une longueur convenable.

Comment y place-t-on les pommes de terre?

On y amoncelle les tubercules jusqu'à ce qu'ils s'élèvent au-dessus du terrain en leur donnant la forme d'une toiture à deux pans; on les recouvre d'un lit de paille et l'on met par-dessus une couche de terre bien battue de 50 à 60 centimètres d'épaisseur. On laisse une ouverture qu'on bouche à l'apparition du froid et qu'on visite toutes les fois que le temps le permet. Au premier beau temps du printemps, on retire les pommes de terre.

Quelle est la maladie qui attaque les pommes de terre?

Depuis quelques années, les pommes de terre sont attaquées par une maladie appelée l'*oïdium*, qui diminue considérablement les produits. Cette maladie, qui se déclare du 15 au 30 juillet, a été combattue par bien des moyens, mais aucun n'a réussi à la faire disparaître.

Si les tubercules sont gâtés au moment de la récolte, que fait-on?

Si au moment de la récolte les pommes de terre sont pourries en partie, on les arrache par un temps sec, on les trie, et on les laisse un jour ou deux au soleil; on les étend ensuite sur un plancher où elles restent une huitaine de jours, après quoi on les met dans les caves ou dans les silos, où elles se conservent parfaitement, pourvu que la récolte n'ait pas été faite avant la parfaite maturité.

22me LEÇON.

De la Betterave

Qu'est-ce que la betterave?

La *betterave* est une plante pivotante, cultivée pour sa racine qui est alimentaire et sucrée. On la mange en salade, ou autrement après qu'elle a été cuite au four ou sur la cendre; les bestiaux, les vaches surtout, mangent non-seulement la racine, mais encore les feuilles qu'on peut couper plusieurs fois pendant la végétation; dans le nord de la France, on fait du sucre de betterave, et les résidus de la plante servent à engraisser les bœufs.

Quelles sont les variétés de betteraves les plus répandues?

Les variétés les plus répandues dans la culture sont: 1° la *betterave champêtre rouge*, appelée aussi racine *de disette* ou *racine d'abondance* (1), la plus cultivée pour

(1) Ce qui veut dire *contre la disette*, pour *l'abondance*.

la nourriture des bestiaux; on préfère généralement celle qui sort presque entièrement hors de terre et n'y tient que par les radicules inférieures, à cause de la facilité de sa récolte; 2° la *jaune longue ordinaire*, aussi très-estimée pour la nourriture des bestiaux; 3° la *blanche de Silésie*, à collet vert, à racine complétement souterraine, peu allongée, très-grosse, à peau et chair blanches, employée presque exclusivement pour la sucrerie.

Quels sont les terrains qui conviennent à la betterave?

La betterave vient généralement dans tous les sols; mais elle préfère ceux qui sont profonds, meubles et substantiels.

Comment prépare-t-on le sol?

Pour ameublir convenablement le sol, on lui donne un labour avant l'hiver; au printemps, un coup de herse et un labour par lequel on recouvre le fumier; et dans les terres argileuses et calcaires, deux labours et deux coups de herse; le premier labour recouvre le fumier.

Comment plante-t-on la betterave?

On trace au cordeau des raies distantes de 40 centimètres les unes des autres; on les coupe à angle droit par d'autres raies espacées aussi de 40 centimètres; une personne met dans les trous placés aux points de jonction 2 ou 3 graines, qu'elle recouvre avec le pied.

A quelle époque sème-t-on?

Du 15 avril au 15 mai, et plus tôt si l'on n'a rien à craindre des gelées.

Que fait-on alors ?

On abandonne alors la plante à elle-même jusqu'à ce qu'elle ait atteint 20 ou 30 centimètres, époque à laquelle on procède à un premier sarclage; quinze jours après, on en donne un second, pendant lequel on éclaircit les plantes, ne réservant que les pieds les plus vigoureux.

Ne peut-on pas semer autrement?

On peut aussi semer la betterave en pépinière. Pour cela, on sème un petit carreau à la volée, ou en lignes espacées de 10 à 15 centimètres les unes des autres. Lorsque les betteraves ont acquis la grosseur du petit doigt, on repique de la manière suivante :

Un cordeau, d'une longueur égale autant que possible à la largeur du carreau qu'il s'agit de planter, est divisé par des nœuds en parties de 40 centimètres de longueur; deux ouvriers, munis de deux mesures d'une longueur égale à celle qui doit exister entre les betteraves, c'est-à-dire de 40 centimètres, tiennent le cordeau par les deux bouts; d'autres ouvriers, munis chacun d'un plantoir et d'une quantité suffisante de plant, sont placés en face de chaque nœud, et, par un mouvement simultané, y plantent en même temps une betterave, tandis que les deux porteurs plantent les deux qui doivent être aux extrémités; ceux-ci déplacent le cordeau, les planteurs font un pas en avant, et une nouvelle ligne est plantée; et ainsi de suite jusqu'au bout du champ.

Comme les betteraves de la seconde ligne ne doivent pas être en face de celles de la première, une demi-distance est figurée au bout du cordeau. Un des planteurs place le bout du cordeau au milieu de la distance des deux premiers pieds, tandis que l'autre le tire vers lui ; à la troisième raie, il rend la corde qu'il a reçue, et la plantation s'effectue d'une manière très-régulière.

Cette méthode est-elle avantageuse?

Cette méthode exige, il est vrai, un grand nombre de bras au moment de la plantation ; mais aussi, elle active le travail, qui s'effectue très-promptement.

Que fait-on lorsque les pieds ont bien repris, ou que, d'après le premier mode, ils ont reçu un premier sarclage?

On continue les sarclages et les binages jusqu'à ce que les feuilles viennent se joindre au milieu des lignes.

Que peut-on faire à cette époque ?

A cette époque, les cultivateurs qui désirent faire consommer les feuilles à leurs bestiaux, et notamment aux vaches, qui en sont friandes, peuvent procéder à l'effeuillage, qui consiste à enlever les feuilles antérieures sans toucher à celles du milieu. Cependant, cette opération, qui donne un fourrage vert au milieu de l'été, est nuisible à la récolte.

A quelle époque la betterave est-elle mûre ?

La betterave n'est mûre qu'en octobre ou en novembre ; c'est pourquoi on ne peut guère, à moins de diminuer les produits et la quantité de sucre qu'elle contient, la faire suivre que d'une récolte de printemps, car son séjour tardif dans les champs pourrait nuire à la céréale d'automne.

Comment arrache-t-on les betteraves?

On les arrache par un temps sec, au louchet (1) ou au trident : on casse immédiatement le collet en le tordant avec la main, on les débarrasse des racines et de la terre, et on les transporte à la ferme pour les conserver dans la cave ou dans les silos.

Que doit-on éviter en les arrachant ou en les transportant?

On doit bien éviter de les contusionner en les arrachant ou en les transportant, car elles pourriraient alors facilement. On les met en tas les unes sur les autres, en tournant la racine de l'une dans un sens et celle de l'autre dans un sens différent.

Quel est le rendement de la betterave?

La betterave, bien soignée, donne en moyenne 30,000 kilogrammes de racines par hectare.

N'y a-t-il pas des insectes qui nuisent à la betterave?

Cette plante a des ennemis bien dangereux dans les larves des hannetons, qui la rongent ; on ne connaît pas d'autre moyen de réparer ce mal que de repiquer des plantes à la place de celles qui ont été dévorées.

23me LEÇON.

De la Carotte.

Pourquoi cultive-t-on la carotte?

La *carotte* est cultivée pour sa racine qui est un ali-

(1) Hoyau pour fouir la terre.

ment précieux pour la nourriture de l'homme et des animaux ; dans quelques pays, elle est donnée aux chevaux en guise d'avoine ; sa tige a peu de valeur comme fourrage.

Quelles sont les variétés les plus estimées?

On connait plusieurs variétés de carottes dont les plus estimées sont : — 1° la *rouge longue ;* — 2° la *blanche longue*, encore peu cultivée ; — 3° la *rouge longue à collet vert*, recherchée par les bestiaux, très-productive et appelée *carotte fourragère ;* — 4° la *carotte courte*, ramassée et obtuse par le bout, la plus précoce de toutes, et celle qui est cultivée principalement dans les jardins pour la cuisine.

Quels sont les terrains dans lesquels réussit la carotte?

La carotte vient partout ; mais elle se pourrit plus facilement dans les sols argileux par un temps humide que dans les autres.

Comment prépare-t-on la terre?

Il est essentiel que la terre, pour cette culture, soit bien ameublie par des labours préparatoires et des hersages, et que le fumier soit enfoui longtemps à l'avance ; ce fumier ne doit être que le plus consommé, le fumier pailleux contenant la graine de beaucoup de plantes parasites qui gêneraient la végétation des carottes. Avant la semaille, on ameublit la surface de la terre, au moyen du scarificateur et de la herse.

A quelle époque sème-t-on?

On sème en mars, en lignes espacées de 30 centimètres. Trois à quatre kilog. de graine par hectare suffisent ; on a soin de froisser la graine entre les mains pour la débarrasser des barbes dont elle est garnie ; et comme elle demande à n'être que peu enterrée, on recouvre avec un fagot d'épines.

De quelle graine doit-on se servir?

Cette graine conserve sa faculté germinative assez longtemps ; celle de la dernière récolte est sujette à fourcher; il vaut mieux se servir de celle de deux, trois et quatre ans.

La graine de carotte lève-t-elle promptement?

La graine de carotte reste longtemps à lever, surtout si sa levée n'est pas favorisée par une température chaude et humide; de sorte que les herbes adventices couvrent la surface du sol avant l'apparition de la plante.

Que fait-on dès qu'elle commence à paraître?

Dès qu'elle commence à paraître, on donne un sarclage soigneux ; quinze jours après, on donne un nouveau sarclage à la main, et l'on éclaircit les pieds en arrachant ceux qui sont de trop, espaçant les autres à 20 centimètres. On répète souvent ces sarclages, qui sont très-favorables à la culture de cette plante.

A quelle époque la carotte est-elle mûre?

La carotte est mûre en octobre : on l'arrache avec un trident, on tord la fane à la main, et l'on rentre les racines pour les conserver comme les pommes de terre.

Peut-on conserver la carotte dans les champs?

La carotte résiste aux petites gelées ; en la recouvrant d'un peu de paille ou de quelques feuilles, on peut la laisser en terre jusqu'à l'arrivée des grands froids, si l'on veut.

Quel est le rendement de la carotte?

La carotte donne quelquefois 25,000 kilogrammes de racines par hectare ; en moyenne, 20,000 kilog.

24me LEÇON.

Du Navet, du Rutabaga et de la Rave.

Qu'est-ce que le navet?

Le *navet* est une plante fourragère et potagère d'autant plus précieuse que les bestiaux la recherchent avec avidité, et qu'on peut la cultiver en récolte dérobée après l'orge, et même après le seigle dans quelques localités.

Y a-t-il plusieurs variétés de navets?

Il y en a plusieurs variétés dont les plus communes sont : le *navet rond*, très-blanc, hâtif et de bonne qualité; le *navet demi-rond*, blanc ; et le navet de *claire-fontaine*, très-long, sortant presque à moitié de terre.

Qu'est-ce que le rutabaga?

Le *rutabaga*, ou *navet de Suède*, a la racine jaunâtre, plus compacte, plus pesante, moins aqueuse, plus délicate au goût, plus nourrissante que le navet ; aussi est-il plus cultivé que ce dernier.

A quoi sert-il?

Il est employé à la nourriture de l'homme et des animaux ; il résiste aux gelées et peut facilement passer l'hiver en terre.

Qu'est-ce que la rave?

La *rave*, appelée *turneps* par les Anglais, est très-cultivée dans les départements du centre et dans les montagnes des Cévennes pour la nourriture des habitants de ces pays et pour celle des bestiaux.

Quelle est la variété la plus estimée?

La variété appelée *globe-blanc* est la plus estimée; elle réussit mieux dans les sols sablonneux que dans les sols argileux.

Comment est-elle cultivée?

On ne la cultive guère qu'en récolte dérobée, après l'orge et le seigle, ou mêlée au sarrasin.

Dans quels terrains réussissent les navets et les rutabagas?

Les navets et les rutabagas réussissent bien dans les terrains frais et un peu humides.

Comment le sol doit-il être préparé?

Le terrain qui doit les porter reçoit un labour en automne et deux au printemps, ainsi que plusieurs coups de herse pour bien ameublir la surface et pour extirper les mauvaises herbes. Ces travaux se font en avril, et le fumier doit être enfoui par le second labour de printemps.

A quelle époque sème-t-on?

En mai et en juin, on sème en pépinière et l'on recouvre légèrement la graine; lorsque le plant a acquis la grosseur du petit doigt, ce qui arrive fin juin, on repique de la même manière que pour les betteraves. La plante, du reste, est traitée alors absolument comme cette dernière.

A quelle époque ces plantes sont-elles mûres?

La récolte du navet et du rutabaga a lieu en octobre; cependant ce dernier, qui craint moins la gelée que le premier, peut rester en terre tout l'hiver, pourvu qu'on ait soin de le recouvrir de terre avec la herse à cheval.

Comment les conserve-t-on à la ferme?

Lorsqu'on veut les rentrer, on les transporte à la ferme et on les place les uns sur les autres par bancs de 1 mètre de hauteur; sur ce banc on en met un second, en les séparant par un petit lit de paille et une petite couche de terre; puis un troisième, un quatrième, etc., jusqu'à ce que toute la récolte soit placée; et le dernier est recouvert avec de la terre et de la paille, en forme de toit, pour empêcher l'eau de séjourner.

Ne peut-on pas faire consommer ces plantes sur place?

Il est très-avantageux de faire consommer ces plantes sur place, comme on le pratique en Angleterre.

Comment procède-t-on lorsqu'on les cultive en récolte dérobée?

Lorsqu'on cultive les navets et les rutabagas en récolte dérobée, on donne un labour pour retourner l'éteule et un coup de herse pour ameublir la surface; on sème sur place à la volée. Alors les travaux d'entretien sont plus difficiles, et le rendement est moins considérable.

Quel est le rendement par le premier mode de culture?

Par le premier mode de culture, le rendement est de 30,000 kilog. par hectare, en moyenne.

Quel est l'insecte qui détruit souvent le plant de navet et de rutabaga?

L'*altise* ou *puceron de terre*, fait bien souvent un grand mal aux semis en pépinière : le moyen de la faire périr est d'inonder le terrain; et si le semis a été complétement détruit, il faut semer de nouveau en place ou en pépinière.

A quelle époque seme-t-on ta rave:

On la sème en juin, à raison de trois kilogrammes de graine par hectare.

A quelle époque sarcle-t-on?

On sarcle lorsque la plante a quatre feuilles, et l'on éclaircit les pieds, les laissant à la distance de 30 centimètres les uns des autres.

Comment se font la récolte et la conservation?

La récolte et la conservation se font comme celles des navets et des rutabagas; cependant, bien souvent on choisit les plus belles raves pour la consommation, et on laisse les petites en terre pendant l'hiver; au printemps, les tiges donnent un fourrage recherché par les vaches.

Comment obtient-on une belle récolte de raves?

Pour obtenir de belles récoltes de raves, il faut semer sur terrain écobué, immédiatement après avoir répandu la cendre, et couvrir avec la herse.

Peut-on faire consommer les raves sur place?

On peut faire consommer les raves sur place par les moutons

25me LEÇON.

Du Topinambour et de l'Igname.

Qu'est-ce que le topinambour?

Le *topinambour* est une plante dont les racines sont garnies d'une multitude de tubercules qu'on appelle eux aussi *topinambours*.

A quoi servent ses tubercules et son feuillage?

Ses tubercules sont bons à manger; ils sont, ainsi que son feuillage, très-recherchés par tous les bestiaux, et surtout par les vaches et par les moutons.

Est-il cultivé?

Sa culture est encore à l'état d'essai. Il réussit bien dans les terrains sablonneux et même dans ceux qui sont les plus mal partagés sous le rapport de la température et de la position; il donne des produits abondants.

Quel avantage a le topinambour?

Le topinambour a le précieux avantage de venir dans tous les sols, même avec peu d'engrais, de ne pas craindre les fortes gelées, quoique ses feuilles soient sensibles au moindre froid; il est pour ce motif une précieuse ressource pour la nourriture des bestiaux à la fin de l'hiver et au commencement du printemps.

Comment le plante-t-on?

La méthode de plantation est la même que pour les pommes de terre; mais comme le topinambour ne craint pas les gelées, on peut commencer la plantation dès le mois de février. On emploie de 20 à 25 hectolitres par hectare.

Quels sont les travaux d'entretien?

Les travaux d'entretien se bornent à un premier binage dès que la terre commence à se couvrir de mauvaises herbes, et à un hersage au moment où les plantes se montrent hors de terre. On renouvelle les binages lorsque l'état du sol l'exige.

A quel moment butte-t-on?

On butte lorsque les plantes s'élèvent assez pour commencer à ombrager le sol et à avoir besoin d'être fortifiées.

Comment récolte-t-on le topinambour?

Le topinambour peut être tiré du sol au fur et à mesure des besoins, et, par conséquent, il n'exige aucun local spécial, ni des dépenses, ni des attentions constantes pour être serré convenablement et conservé intact jusqu'à son emploi. Cependant, il est prudent, dans la crainte des pluies prolongées, des neiges et des gelées de longues durée, d'en faire, vers la fin de l'automne, une provision convenable ; il suffit qu'il soit à couvert et à l'abri de l'humidité, car c'est la seule chose qu'il redoute, et cette circonstance doit engager à le laisser le moins possible passer l'hiver dans des terrains qui y sont ordinairement exposés.

Quelle est la quantité des produits du topinambour?

La quantité des produits du topinambour varie beaucoup en raison des terrains et des soins de culture qu'on lui donne. Un agronome distingué (1), qui a cultivé cette plante avec soin, compare ses produits à ceux de la pomme de terre blanche.

Quel est l'inconvénient du topinambour?

Le seul inconvénient qu'on reproche au topinambour, c'est la difficulté d'en empêcher la reproduction dans la culture subséquente : les plus petits tubercules et les moindres racines laissés dans le sol suffisent pour produire de nouvelles tiges ; le seul moyen d'empêcher cette reproduction est de faire pâturer au printemps, par les vaches ou les moutons, les tiges qui repoussent, et de donner des hersages soignés et énergiques.

Qu'est-ce que l'igname?

L'*igname* ou *ignane* est une plante récemment introduite en France. Sa racine est destinée à être mangée comme la pomme de terre dont il a le goût. Sa culture a été essayée dans divers endroits, et elle a parfaitement réussi dans les terrains pauvres et sablonneux.

Comment se multiplie-t-il?

Il se multiplie avec une merveilleuse facilité, par tronçons de racines et par boutures de tiges.

Comment se fait la multiplication par tronçons?

La racine de l'igname ne porte pas d'yeux comme la pomme de terre; mais quel que soit le point où l'on coupe le tronçon, celui-ci donne toujours une tige lorsqu'il a passé quelque temps en terre. Cependant, on se sert, pour planter, de la partie supérieure et amincie des

(1) M. Yvart.

tubercules, la partie inférieure, toujours beaucoup plus volumineuse, étant réservée pour la consommation. Ces tronçons sont mis en terre au printemps, en lignes espacées d'un mètre, en les plaçant à une distance de 30 à 40 centimètres. Les travaux d'entretien sont les mêmes que pour les pommes de terre.

Comment se fait la multiplication par boutures?

La multiplication par boutures se fait, soit en enterrant les tiges, sans les couper, dans de petites rigoles d'où l'on ne laisse sortir que les feuilles, soit en plantant des fragments de tiges coupées entre deux nœuds et conservant les deux feuilles opposées, soit, enfin, en fendant longitudinalement les tiges, de manière à obtenir deux fragments d'une même paire de feuilles dont chacune porte son bourgeon axillaire, qui s'allonge dans l'année en petits tubercules. Les tubercules qu'on obtient par ce mode de multiplication sont destinés à servir de semence pour l'année suivante. Dans le cas où les tiges ont été enterrées entières, il se forme un tubercule à chaque nœud (1).

Comment conserve-t-on l'igname?

L'igname arraché fin septembre ou commencement d'octobre, est conservé comme la pomme de terre; il

(1) Pour avoir des jets précoces, on peut aussi, après avoir coupé les tronçons, les mettre sur une couche de fumier recouverte de 6 à 8 centimètres de terre; mettre par-dessus les tubercules 2 centimètres de terre; et lorsque les jets sont d'une grosseur suffisante, procéder à la transplantation.

n'est pas sujet à germer comme celle-ci. Le tubercule peut aussi passer l'hiver en terre.

Quel est l'inconvénient de la culture de cette plante?

Le seul inconvénient de la culture de cette plante est la direction perpendiculaire de son tubercule, qui, s'enfonçant quelquefois à plus d'un demi-mètre, rend difficile l'opération de l'arrachage.

V. Des plantes Oléagineuses.

Qu'appelle-t-on plantes oléagineuses?

On appelle plantes *oléagineuses* celles dont le fruit ou la graine est propre à donner de l'huile.

Quelles sont les principales?

Le *colza*, la *navette*, le *pavot* et la *cameline*?

Quel est l'arbre dont le fruit fournit l'huile dans le midi de la France?

Dans le midi de la France, c'est l'*olivier* qu'on cultive de préférence dans ce but, à cause des produits supérieurs qu'il donne, de la facilité de sa culture sous un climat chaud, et des avantages qu'il offre comme plante vivace.

Par quoi l'olivier est-il remplacé dans le centre?

Dans le centre de la France, c'est le *noyer* qui remplace l'olivier; son fruit donne une huile à brûler excellente, et son bois est recherché pour l'ébénisterie. On fait encore de l'huile avec la graine de lin, le chènevis ou graine de chanvre, la graine de rave, la faîne ou fruit du hêtre, et la noisette.

26me LEÇON.

Du Colza, de la Navette, du Pavot et de la Cameline.

Qu'est-ce que le colza?

Le *colza* est une espèce de chou sauvage qui ne pomme point et dont la graine fournit une bonne huile à brûler.

Combien y en a-t-il de variétés?

On en cultive deux variétés : le *colza d'hiver* et celui de *printemps*.

Qu'est-ce que le colza d'hiver?

Le *colza d'hiver*, connu dans le nord de la France sous le nom de *colza froid*, a des fleurs ordinairement jaunes, les tiges branchues, élevées, les siliques (1) nombreuses, les feuilles à la fois épaisses et larges.

Qu'est-ce que le colza de printemps?

Le *colza de mars* ou de *printemps*, dont le principal mérite est la précocité, est plus petit que le colza d'hiver.

Quel terrain veut le colza?

Le colza veut un sol riche, meuble, frais, un peu argileux, bien amendé et préparé par plusieurs cultures. Il craint l'humidité, et, dans un sol qui retient l'eau, les gelées lui sont fatales.

(1) Cosses allongées, cylindriques ou aplaties, renfermant la graine.

A quelle époque et comment le sème-t-on?

Le mois de juillet est l'époque la plus convenable pour semer le colza. On le sème en place à la volée, en place en rayons espacés de 40 centimètres, ou en pépinière pour être repiqué : on met 8 litres de graine par hectare. Le semis en place en rayons est le plus économique et le plus convenable.

Quels soins faut-il donner au colza?

Lorsque le temps le permet, on donne un premier binage en septembre ou octobre, et on éclaircit les pieds en les mettant à la distance de 30 centimètres. Au printemps, on se hâte de faire cette opération si l'on n'a pu la terminer à l'automne; car lorsque le plant est gros, le travail est beaucoup plus difficile. Dès les premiers jours de printemps, on donne un hersage énergique dans lequel on ne doit pas craindre de faire entrer profondément les dents de l'instrument; on continue à donner des binages jusqu'au moment de la récolte.

A quelle époque se fait la récolte?

La récolte se fait vers le commencement de juillet, un peu avant la complète maturité, c'est-à-dire, lorsqu'un tiers environ des siliques commencent à jaunir. Vingt-quatre heures après le faucillage on met le colza en meulons, en transportant les javelles sur une place élevée et sèche du champ, les plaçant circulairement, le sommet au centre. La graine achève là sa maturité dans huit ou dix jours. On transporte le colza à la ferme dans une bâche pour le battre.

Quel est le rendement du colza?

On obtient en moyenne 15 à 18 hectolitres de graine

par hectare. Cette graine est mise au grenier en couches qu'on remue fréquemment pendant les premiers temps, car elle est sujette à s'échauffer.

Le colza de printemps se sème en avril et en mai, et se traite comme le précédent.

Qu'est-ce que la navette?

La *navette* diffère du colza en ce que ses feuilles, au lieu d'être lisses et glauques (1), sont, au contraire, rudes au toucher et d'un vert plus franc, comme celles des navets et des raves.

Quelle variété cultive-t-on?

On cultive principalement la *navette d'hiver;* ce n'est que lorsqu'elle a été détruite par le froid qu'on sème la *navette de printemps*, qui est moins productive.

Quelle est la culture de la navette?

La culture de la navette est la même que celle du colza ; seulement, elle est moins difficile sur le choix du terrain ; elle vient dans les sols légers, surtout s'ils sont calcaires, et peut être semée jusqu'au 15 septembre.

Pourquoi cultive-t-on le pavot ou œillette?

Le *pavot* est cultivé pour l'huile qu'on retire de sa graine : cette huile, appelée *œillette*, est très-bonne pour la cuisine.

Combien cultive-t-on d'espèces de pavots?

Dans les départements du nord et de l'est, on cultive deux espèces principales de pavots : 1° le *pavot commun* ou *aveugle*, qui se distingue par la grosseur de

(1) D'un vert blanchâtre.

ses capsules (1) et par l'absence des opercules (2) ; 2° le *pavot blanc*, qui se distingue par ses fleurs et ses graines communément blanches. Ces variétés se divisent en huit variétés, parmi lesquelles on doit préférer celles qui sont à tiges basses, rondes, fermes et bien garnies de semences.

Quels sont les terrains qui conviennent à la culture du pavot?

Les sols légers, sablonneux ou graveleux, mais cependant riches et profonds, lui conviennent parfaitement.

Comment le sème-t-on?

On herse aussi fin que possible avec une herse à dents serrées, et l'on sème, dans le mois de février, 2 kilogrammes de graine par hectare, en lignes espacées de 20 ou 25 centimètres. Comme cette graine est très-fine, on la recouvre légèrement avec un fagot d'épines, ou en faisant passer dessus un troupeau de moutons.

Quels sont les travaux d'entretien?

Dès que les plantes ont cinq à six feuilles, on donne un sarclage pour arracher les mauvaises herbes et pour éclaircir les pieds, qui sont mis à 20 centimètres les uns des autres ; lorsqu'ils ont 5 à 6 centimètres, on donne un second binage.

A quelle époque se fait la récolte?

Les pavots sont ordinairement mûrs dans le courant du mois d'août. Ceux dont les têtes restent fermées après

(1) Enveloppes sèches qui renferment la graine.
(2) Couvertures ou pièces arrondies qui se trouvent sur les capsules.

la maturité sont coupés sur place et portés au grenier pour être étendus en couches minces sur un plancher bien joint. Ceux dont les têtes s'ouvrent sont plus difficiles à récolter : on arrache les tiges aussitôt que les têtes jaunissent, et, quand on en a une assez forte poignée, on les attache avec un brin de paille, on les met en faisceaux pour les faire sécher. Lorsqu'elles sont assez sèches, on les transporte à la ferme pour être battues avec des gaules. Comme la graine de cette variété ne sort pas toute des capsules la première fois, on remet les bottes au soleil ; quelques jours après, on les bat de nouveau. Les pavots blancs sont battus au fléau, ou bien, après avoir coupé la sommité des têtes avec un couteau, comme précédemment.

Quel est le rendement du pavot?

Dans les années favorables, le pavot peut donner dix hectolitres de graine par hectare.

Qu'est-ce que la cameline?

La *cameline* est une plante qui a une tige cylindrique et toujours très-ramassée, qui s'élève de 40 à 50 centimètres de hauteur; ses feuilles alternes sont velues et ses fleurs jaunes.

Où est-elle cultivée?

Elle est cultivée dans l'Est et dans le Nord, non-seulement pour la bonne huile qu'on retire de sa graine, mais encore pour ses tiges dont on commence à fabriquer du papier.

A quelle époque la sème-t-on?

La cameline, qui réussit bien dans les terres légères

et sablonneuses, se sème du 15 au 25 juin, à raison de 8 litres par hectare; on la recouvre légèrement, et le seul soin qu'on lui donne, c'est de l'éclaircir et d'arracher les mauvaises herbes. — Au mois de septembre, on fait la récolte comme celle du pavot.

VI. Des plantes textiles.

27me LEÇON.

Du Lin et du Chanvre.

Qu'appelle-t-on plantes textiles?

On appelle *plantes textiles* celles qui donnent des filaments propres à faire de la toile. Tels sont le *lin* et le *chanvre*.

Le lin est-il cultivé depuis longtemps?

Le *lin* est cultivé depuis un temps immémorial; aujourd'hui, il l'est surtout dans le nord de l'Europe. Sa culture a donné naissance à diverses variétés; mais les cultivateurs soigneux, qui désirent avoir une belle filasse et conserver la plante dans un bon état de production, renouvellent leur semence assez fréquemment en Russie. Le lin de Riga (1) est le plus renommé.

Combien distingue-t-on d'espèces de lins?

Il y a du *lin d'hiver* et du *lin de printemps.*

A quoi sert la graine de lin?

La graine de lin donne, ainsi que nous l'avons dit,

(1) Ville du nord-ouest de la Russie.

une bonne huile pour l'éclairage et pour la peinture; elle est encore fréquemment employée dans la médecine.

Dans quelles terres réussit le lin?

Il veut une terre franche, très-propre, très-meuble et richement fumée; mais il faut que ce soit du fumier bien consommé, du purin ou de la poudrette.

A quoi succède-t-il?

Le lin succède ordinairement à une céréale, aux défrichements, à un trèfle, aux pois, au chanvre.

Comment prépare-t-on le sol?

On lui donne, après l'enlèvement de la récolte, un bon labour qu'on fait suivre immédiatement d'un coup de herse; deux ou trois labours ou façons à l'extirpateur et à la herse précèdent la semaille.

A quelle époque sème-t-on le lin d'hiver?

On sème le lin d'hiver vers le 20 septembre; on met 250 litres par hectare, et l'on couvre avec la herse.

Pourquoi sème-t-on le lin si dru?

On sème le lin si dru pour obtenir de belle filasse, car plus les plantes sont rapprochées, plus les tiges sont fines et plus la filasse est belle.

Quelles sont les façons qu'on donne au lin dans le cours de sa vegétation?

Au printemps, on donne un sarclage et même deux s'il est nécessaire, et la plante est ensuite abandonnée à elle-même jusqu'à la maturité.

A quelle époque le lin est-il mûr?

Le lin est mûr vers la fin de juin ou le commencement de juillet; on le reconnaît lorsque les tiges et les feuilles jaunissent.

Comment se fait la récolte?

On arrache le lin à la main; on le met en poignées qu'on attache avec un lien fait de deux brins de lin; on en forme des faisceaux de trois qu'on dresse en les appuyant par la tête et en écartant les racines afin que l'air circule plus librement. Dès que les graines sont sèches, on les sépare en frappant les têtes des tiges avec une massue, ou en les frottant contre une planche dentelée, et après avoir débarrassé les tiges des parties terreuses, on les soumet au rouissage.

Qu'est-ce que le rouissage?

Le *rouissage* est une opération qui a pour but d'exposer la plante à une espèce de fermentation qui dissout la matière gommo-résineuse que renferme la filasse, afin de lui donner la souplesse nécessaire pour être travaillée.

Combien y a-t-il de modes de rouissage?

Il y a deux modes de rouissage : le premier, qui est généralement suivi dans les pays chauds, consiste à étendre le lin en couches minces et uniformes sur un gazon; on le retourne de temps à autre jusqu'à ce que les fibres se détachent aisément. Ce mode serait le plus avantageux si sa réussite ne dépendait pas des circonstances atmosphériques; dans les années de sécheresse, il est rare de bien voir réussir l'opération. C'est pour cela qu'on préfère le second mode.

En quoi consiste le second mode de rouissage?

Le second mode de rouissage consiste à placer le lin

en bottes dans l'eau stagnante, mais qui se renouvelle par un petit courant, et à le maintenir plongé dans l'eau, soit au moyen de pierres dont on charge le tas, soit par des traverses horizontales qui entrent dans les mortaises pratiquées dans de forts pieux placés des deux côtés du tas. Le rouissage opéré de cette manière dure plus ou moins de temps, selon qu'il fait plus ou moins chaud. Quelquefois huit jours suffisent; d'autres fois, il en faut quinze et plus. Il faut surveiller l'opération, et dès qu'on s'aperçoit que la filasse se détache aisément des tiges, on retire la plante; on la met en tas pour la faire égoutter, puis on l'étend sur le sol pour la faire sécher; après quoi, on la rentre pour la battre.

Avec quoi se fait le battage des plantes textiles?

Le battage des tiges des plantes textiles se fait avec la *maque* ou *broie*.

Comment cultive-t-on le lin de mars?

Le lin de mars se sème en mars et est traité comme le lin d'hiver.

Que faut-il faire pour avoir de belle graine de lin?

Si l'on veut éviter la dégénérescence de la graine de lin et en avoir toujours de bonne qualité, on en sème un petit carreau à part; 100 litres par hectare suffisent dans ce cas : la filasse alors est grossière et de mauvaise qualité, mais la graine est mieux nourrie et en plus grande quantité.

Qu'est-ce que le chanvre?

Le *chanvre* est une plante textile qu'on cultive pour sa filasse, avec laquelle on fabrique de la toile et des cordages, et pour sa graine, qui sert à faire de l'huile à brûler.

Combien y en a-t-il de sortes?

La même semence donne naissance à deux plantes différentes : au *chanvre mâle*, improprement appelé *femelle*, et au *chanvre femelle*, connu aussi à tort sous le nom de *chanvre mâle*.

Dans quelles terres cultive-t-on le chanvre?

Le chanvre aime un sol profond, très-fumé et bien ameubli; aussi les *chènevières* ou champs destinés à la culture du chanvre sont-elles les meilleures terres, les terres les plus riches.

A quoi succède-t-il ?

Le chanvre succède quelquefois à l'orge, mais le plus souvent au chanvre, car cette plante vient très-bien après elle-même sans que le produit diminue.

Comment prépare-t-on les terres qui doivent porter le chanvre?

Pour préparer le sol à recevoir le chanvre, on donne un labour avant l'hiver; au printemps, on en donne un second que l'on fait suivre d'un coup de herse; un troisième coup de charrue enfouit le fumier et est suivi d'un coup de herse. Dans quelques pays, on est dans l'usage de bêcher le terrain destiné au chanvre, et l'on doit bêcher aussi profond que possible.

A quelle époque se fait la semaille?

Dans la dernière quinzaine de mai.

Comment sème-t-on?

On répand à la volée 300 litres de graine par hectare

si l'on veut avoir de belle filasse, et l'on recouvre par un coup de herse ; on répand sur la surface du fumier bien consommé, du fumier de mouton principalement, de la colombine, etc., et l'on surveille la chènevière pendant quelque temps pour la soustraire aux ravages des oiseaux, qui sont très-friands de la graine et qui arrachent le chanvre dès qu'il commence à lever. Comme sa végétation est très-prompte, il couvre en peu de temps toute la surface du sol et étouffe toutes les mauvaises herbes.

A quelle époque récolte-t-on le chanvre mâle ?

Au mois d'août, le chanvre mâle est mûr; on le trie en l'arrachant à la main, on le met en bottes et en faisceaux pour le faire sécher, après quoi on le porte au routoir (1).

A quelle époque se termine la récolte ?

En septembre, le chanvre femelle est mûr; on l'arrache aussi à la main, on le met en poignées ou en bottes; on détache la graine en passant les tiges entre les dents d'un peigne en fer, ou bien en les battant après les avoir fait séjourner quelques jours dans la terre; puis, après l'avoir fait sécher, on le porte au routoir, où il est traité comme le lin roui par le moyen de l'eau, et, pendant l'hiver, on le bat avec la maque.

De quelle graine doit-on se servir?

Le chanvre garde peu de temps sa faculté de germer,

(1) Lieu où l'on fait le rouissage.

c'est pourquoi il est très-important de ne se servir que de la graine de la récolte précédente.

Comment fait-on pour avoir de belle graine?

Le chanvre récolté pour la filasse donne peu de graine; pour en avoir de belle, il faut, comme pour le lin, en semer à part.

VII. Des plantes tinctoriales.

28me LEÇON.

De la Garance, du Pastel, de la Gaude et du Safran.

Qu'appelle-t-on plantes tinctoriales?

Les plantes *tinctoriales* sont celles qui donnent un produit susceptible d'être employé dans la teinture.

Quelles sont les principales?

Les principales sont : la *garance*, le *pastel*, la *gaude* et le *safran*.

Ces plantes sont-elles bien cultivées?

La garance, qui donne la couleur rouge, est la plus cultivée de toutes ces plantes, et sa culture est restreinte à quelques départements de l'est ou du sud-est de la France. Elle exige un terrain riche, profond et parfaitement amendé.

Comment prépare-t-on le sol et comment se fait la semence?

En automne, on bêche le sol à une profondeur de

80 centimètres au moins et on le débarrasse de toutes les racines de plantes adventices; au printemps suivant, on lui donne une forte fumure d'engrais de bestiaux (130 à 150 mètres cubes par hectare) qu'on enfouit par un labour. En mars, on transplante la garance cultivée en pépinière, ou l'on sème en place dans des raies un peu profondes tracées à la houe et espacées de 1 mètre 40 cent. environ. — On emploie 80 kilog. de graine par hectare.

A quelle époque la garance est-elle mûre?

La garance n'est mûre qu'au mois d'octobre de la troisième année de sa plantation. Pendant la première année, elle reçoit 3 à 4 sarclages, et un fort buttage en novembre; elle donne par ses tiges 1,000 kil. de bon fourrage. La seconde année, un seul sarclage lui suffit et l'on a 2,000 kil. de fourrage; au mois d'octobre de la troisième année on l'arrache. Ce travail est long et pénible, en ce qu'il faut creuser très-profondément pour n'abîmer aucune partie des racines, qui sont le principal produit et qui atteignent une assez grande profondeur.

Quel est le rendement de la garance?

La garance donne en moyenne 3,500 kil. de racines sèches par hectare, outre 3,000 kil. de fourrage. C'est un produit qui se vend très-avantageusement et qui paie très-bien les frais de culture.

Les autres plantes tinctoriales sont peu cultivées ou ne le sont pas du tout; leur importance a considérablement diminué depuis que les bois de l'Inde les remplacent pour la teinture.

VIII. Des plantes industrielles.

29me LEÇON.

Du Tabac et de la Cardère.

Qu'appelle-t-on plantes industrielles ?

Les plantes *industrielles* sont celles qui donnent un produit dont l'industrie s'empare pour le livrer au commerce après certaines préparations. Tels sont le *tabac* et la *cardère.*

Qu'est-ce que le tabac ?

Le *tabac* ou *nicotiane,* qui appartient à la famille des Solanées, est cultivé pour sa feuille, qui sert à fumer ou à priser.

Quel est le terrain qui convient à la culture du tabac ?

Cette plante vient dans toutes les terres à blé ; mais il est nécessaire que le sol soit parfaitement amenbli et fumé. Aussitôt que la céréale a été enlevée, on laboure légèrement la terre, qui reste dans cet état jusqu'en novembre. A cette époque, on répand à la surface du fumier de vache et de cheval, dans la proportion de 60 voitures par hectare, et on l'enfouit à 16 ou 18 centimètres de profondeur, afin qu'il puisse se consumer pendant l'hiver. Au commencement de mars, on donne un autre labour de la même profondeur, afin de diviser le sol et de le mêler plus parfaitement avec le fumier. Cinq à six semaines après, le sol reçoit un nouveau labour de 6 ou 7 centimètres de profondeur. Après quoi on répand à la surface des tourteaux d'huile réduits en poudre; on les enterre à la herse et on donne un dernier labour de la même profondeur que le précédent.

On peut employer avantageusement, à la place des tourteaux, le produit des vidanges.

Comment se font les semis de tabac?

Les semis de tabac se font en pépinière, dans un bon terrain, à une exposition chaude, derrière un bâtiment ou une haie. On bêche le sol, on le rompt à plusieurs reprises et on lui donne un quart d'engrais de plus qu'à celui qui est destiné à la plantation.

En mars, on sème la graine à la volée ou mieux en lignes, à raison d'un quart de litre pour dix centiares. Si le temps fait craindre quelque gelée au moment où les plantes sortent de terre, on les couvre avec des branches. On tient la pépinière bien nette de mauvaises herbes et on éclaircit les pieds trop rapprochés.

A quelle époque et comment se fait la transplantation?

La transplantation se fait au mois de juin. Deux ou trois jours avant de la faire, le sol reçoit un dernier labour et un coup de herse ou de rouleau pour l'aplanir. Les pieds sont ensuite transplantés au cordeau et au plantoir, en lignes espacées de 60 à 70 centimètres de distance, les pieds étant à 30 centimètres les uns des autres et enfoncés en terre jusqu'au premier nœud de feuilles. — Un peu d'humidité est nécessaire pour assurer la reprise du plant, et s'il ne survient pas de pluie immédiatement après la plantation, on arrose pendant quelques jours.

Quels soins donne-t-on au tabac?

Quinze à vingt jours après la plantation, on donne une petite façon au sol, et un peu plus tard on butte légèrement chaque pied.

Dès que les plantes ont commencé à pousser et qu'on remarque le *bouton* ou la *couronne*, on l'étête en la pinçant avec les doigts. Cette opération, qui a pour but de faire pousser les feuilles en plus grand nombre, doit être faite depuis neuf heures du matin jusqu'à midi, et tous les bourgeons doivent être pincés à mesure qu'ils paraissent. Dès que les feuilles sont assez larges pour couvrir le sol, on suspend les sarclages qu'on a dû répéter assez souvent pour ne pas laisser subsister les mauvaises herbes.

A quelle époque se fait la récolte du tabac?

La récolte du tabac a lieu dans la dernière quinzaine de septembre. On reconnaît que les feuilles sont mûres lorsqu'elles jaunissent et que leurs pointes s'inclinent vers la terre. Par un beau jour, et lorsque le soleil a dissipé la vapeur du matin, on coupe toutes les feuilles près de la tige, ou bien, après avoir coupé la plante entière près du sol, on la laisse quelques heures par terre pour que les feuilles puissent s'amollir. Deux heures après le coucher du soleil, le tout est mis en grange. Les feuilles sont enfilées à des ficelles et on les suspend sous la saillie des toits des bâtiments ou sous des hangars, toujours du côté du midi ou de l'est.

Que fait-on ensuite ?

Les feuilles étant séchées, on en attache ensemble

60 à 70; c'est ce qu'on appelle une *manoque*. On étend les manoques sur un grenier et on les retourne une fois tous les huit ou dix jours jusqu'à l'époque des grandes gelées. Après cela on les met les unes sur les autres, en tas de 1 mètre de hauteur et de largeur. On a soin de passer la main tous les jours entre les feuilles pour s'assurer qu'elles ne s'échauffent pas. Lorsque l'échauffement n'est plus à craindre, on recouvre les tas d'une toile et l'on y pose un poids par-dessus. Quelques jours après, les feuilles peuvent être livrées à la régie pour être façonnées.

Quel est le produit d'un hectare de terre cultivé en tabac?

Un hectare de terrain cultivé en tabac donne jusqu'à 5,000 kilogrammes de feuilles, dont la première qualité se vend 40 francs les 50 kilogrammes.

Comment récolte-t-on la graine?

Pour avoir de la graine de tabac, on conserve quelques-uns des plus beaux pieds dans la pépinière et on les laisse croître en toute liberté sans les étêter, sans ôter aucune feuille, et en tenant le sol toujours net des mauvaises herbes. Au mois de septembre, on coupe les capsules, on les fait sécher au soleil et on les conserve jusqu'au moment où il faut semer. Chaque pied donne ordinairement 30 grammes de graine.

Qu'est-ce que la cardère?

La *cardère* ou *chardon à foulon* est une plante dont la tige et les feuilles sont garnies d'aspérités et d'aiguillons; la tige et les rameaux se terminent par des fleurs rudes et crochues qui font l'office de cardes pour les étoffes.

Où se trouve cette plante?

La cardère commune se trouve partout, en France, dans les lieux bas et humides; elle ne fait l'objet d'une culture spéciale que dans quelques localités.

IX. Des plantes propres à faire des boissons.

Qu'appelle-t-on plantes propres à faire des boissons?

Les *plantes propres à faire des boissons* sont celles dont le grain, les fleurs ou le fruit sont employés à la fabrication des boissons. De ce nombre sont : l'*orge*, le *houblon* et la *vigne*.

(Pour l'orge, voir 9e leçon, page 57).

30me LEÇON.

1. — Du Houblon.

Qu'est-ce que le houblon?

Le *houblon* est une plante qui offre, comme particularité, que les fleurs mâles et les fleurs femelles sont placées sur des pieds séparés. Les premières forment des grappes rameuses, irrégulières, qui sortent de l'aisselle des feuilles supérieures; les secondes forment une espèce de tête globuleuse, conique, plus ou moins allongée, nommée *cône du houblon*, composée d'un grand nombre d'écailles foliacées, minces et consistantes, à l'aisselle desquelles se trouvent les deux véritables fleurs femelles.

Où est-il cultivé ?

Le houblon est cultivé dans le nord et l'est de la France, pour sa fleur, qui est employée dans la fabrication de la bière.

Quel est le sol qui convient au houblon ?

Un sol riche et très-profond, qui n'est ni trop sablonneux, ni trop argileux, ni trop humide, est le plus propre à la culture de cette plante. Elle réussit bien surtout dans une ancienne prairie rompue, ou dans un terrain qui a été pendant longtemps en jardin ou en verger.

Quelle doit être son exposition ?

L'exposition de la houblonnière doit être celle du sud ou du sud-est. Il est nécessaire de la garantir par des abris, tels que haies ou palissades, contre les vents violents.

A quelle époque fait-on la plantation ?

La plantation a lieu à deux époques différentes : au printemps, depuis le commencement de mars jusqu'au milieu d'avril ; et à l'automne, au mois d'octobre.

Comment prépare-t-on le sol ?

En le défonçant profondément à la bêche où à la charrue et le fumant souvent et abondamment.

Comment se procure-t-on le plant ?

En éclatant les branches des anciens pieds les plus vigoureux. Le bon plant doit être de la grosseur du doigt, et avoir de 18 à 20 centimètres de longueur et trois ou quatre yeux. Il est nécessaire de le séparer de la souche très-peu de temps avant la plantation et de le tenir au frais jusqu'à ce moment.

On peut aussi, au moment de la taille, couper les branches superflues, et les piquer en terre pour en faire des boutures.

Comment se fait la plantation?

Après avoir fait des trous carrés de 65 centimètres de côté et de 0,50 de profondeur, éloignés de 3 à 4 mètres de distance les uns des autres et placés en ligne droite ou en quinconce (1), on emplit d'engrais le fond de ces trous ; on place les plants dans ces fosses en éloignant leur partie inférieure et tenant à la main les bouts du haut plus rapprochés ; on répand doucement la terre entre les pieds et on la presse contre eux. Après la plantation, on façonne en cuvette la place occupée par le plant, afin de retenir les eaux des pluies ou des arrosements.

On réunit quelquefois les pieds par groupes de trois à quatre, à 60 centimètres environ de distance.

Que fait-on ensuite?

Quelque temps après la plantation, on place près de chaque pied une perche écorcée, et 3 à 4 perches à chaque groupe, si l'on a suivi le dernier mode. La première année, ces perches sont petites ; mais ensuite elles doivent avoir de six à sept mètres de hauteur.

Lorsque le houblon est un peu grand, on le butte et on entretient la houblonnière toujours nette de mauvaises herbes.

(1) En échiquier, en carré.

La seconde année, un peu avant que les pousses se montrent hors de terre, c'est-à-dire en avril, on procède à la taille en déchaussant soigneusement chaque pied et coupant avec une serpette les jets qui ont donné naissance aux tiges de l'année précédente. Cette opération a pour but de donner plus de force aux jets qui vont partir de la souche, en diminuant leur nombre. On règle la hauteur à laquelle on taille d'après la force des pieds.

On recouvre la souche taillée d'une épaisseur de 2 ou 3 centimètres de terre bien meuble, qu'on prend à proximité, afin que les jets puissent facilement sortir. Lorsqu'ils ont poussé, on en laisse deux ou trois, suivant la force du pied, et l'on arrache tous les autres à mesure qu'ils se montrent.

Ces soins se renouvellent tous les ans pendant toute la durée de la houblonnière.

Comment reconnaît-on que le houblon est mûr?

On reconnaît que le houblon est mûr lorsque les cônes prennent une odeur aromatique et changent leur couleur verte foncée en une teinte plus claire et un peu jaunâtre.

Comment fait-on la récolte?

La récolte ne doit se faire que par un temps sec et lorsque le houblon n'est pas du tout humide. Après avoir coupé les pieds, on arrache les perches et on les transporte sous des hangars pour faire la cueillette.

On place une perche, horizontalement soutenue par les deux extrémités, à la hauteur convenable pour que des femmes et des enfants puissent cueillir les cônes.

Comment fait-on sécher le houblon?

Après la cueillette, le houblon est transporté, soit sur des greniers aérés, mais à l'ombre, où on l'étend sur des claies en couches minces qu'on remue souvent; soit sur un séchoir. Dans ce dernier cas, le feu doit être très-doux et la dessiccation lente.

Lorsque le houblon est sec, on le met en balles pour le conserver ou le vendre.

31me LEÇON.

De la Vigne.

Qu'est-ce que la vigne?

La *vigne* est une plante sarmenteuse, cultivée pour son fruit, le *raisin*, avec lequel se fait le vin.

Quels sont les terrains les plus convenables à la culture de la vigne?

Les terrains les plus convenables à la culture de la vigne sont les terrains calcaires, secs et chauds; dans les sols argileux, la couche arable retenant les eaux pluviales, l'humidité fait bien souvent avorter la fleur, rend les bourgeons plus sensibles à la gelée, empêche de mûrir le fruit et ôte au vin toute sa qualité; une terre trop riche donne beaucoup de bois et peu de fruits; aussi la vigne croît-elle dans des terres où rien ne pourrait prospérer. Elle se plaît principalement dans les coteaux, et plus leur inclinaison est considérable, plus ils reçoivent directement les rayons du soleil qui favorisent la maturité du raisin.

Quelle est l'exposition la plus favorable à la vigne ?

L'exposition la plus favorable à la vigne est celle du sud et de l'est ; celle du nord est la plus mauvaise.

Qu'appelle-t-on cep, sarment, pampre, bourgeon, courson, cépage ?

On appelle *cep* la souche ou tige de la vigne ; *sarments*, les rameaux allongés ; *pampre*, la branche de vigne avec ses feuilles ; *bourgeon*, le bouton, ou plutôt la pousse de l'année ; *courson*, le sarment rabaissé par la taille à un ou deux yeux, ou la portion de la branche qui a été laissée par la taille ; *cépage* ou *complant*, chaque variété de raisin.

Combien y a-t-il de sortes de vignobles ?

Il y a trois sortes de vignobles, savoir : les *hautains*, les *vignes moyennes* et les *vignes basses*.

Qu'est-ce que les hautains ?

Les *hautains* sont les vignes qu'on laisse monter haut et qui sont ordinairement attachées à des arbres ou à de grands tuteurs appelés *échalas*.

Qu'est-ce que les vignes moyennes ?

Les *vignes moyennes* sont celles dans lesquelles on laisse à la souche 50 centimètres à 1 mètre de hauteur.

Qu'est-ce que les vignes basses ?

Los *vignes basses* sont celles dont les tiges n'ont que 4 ou 5 décimètres de hauteur.

En général, à quelle hauteur faut-il tenir le raisin ?

En général, plus le climat est froid, plus il convient

de tenir le raisin près de terre, afin qu il profite de la chaleur de la terre échauffée par le soleil.

2. — Multiplication de la vigne.

Comment multiplie-t-on la vigne ?

On multiplie la vigne par *boutures*, par *crossettes*, par *marcottes*, par *greffes* et par *semis*.

Qu'est-ce que la bouture?

La *bouture* est un sarment de l'année qu'on fiche en terre verticalement, après l'avoir trempé dans l'eau pendant quelques jours; on doit enfoncer le sarment à 30 ou 40 centimètres, et laisser sortir seulement deux yeux hors de terre.

Qu'est-ce que la crossette ?

La *crossette* est un sarment qui, à son extrémité, a un peu de bois de l'année précédente. Elle réussit mieux et vient plus vite que la bouture.

Qu'est-ce que la marcotte ?

La *marcotte* ou *chevelée* ou *chevelu*, provient du sarment qu'on a courbé en terre pour lui faire pousser des racines avant de le séparer de la tige-mère. Ce mode est le plus prompt et le plus facile; il donne les plus beaux sujets.

Comment prépare-t-on la marcotte ?

Elle se prépare en courbant en terre, à huit centimètres de profondeur, un sarment qu'on y fixe à l'aide d'un crochet en bois et qu'on recouvre de terre; on rabat le sarment à deux yeux, et l'on supprime tous ceux qui se trouvent entre le cep et le point où le sarment entre en terre, afin de les empêcher d'absorber la sève; les yeux sont, au contraire, conservés sur la partie enterrée.

A quelle époque prépare-t-on les marcottes?

C'est au printemps qu'on prépare les marcottes; pendant l'été, on les arrose de temps en temps, et, à l'automne suivant, on peut planter; mais la plantation est ordinairement remise au printemps.

Emploie-t-on souvent la greffe et les semis?

On a rarement recours à la multiplication de la vigne par les semis ou par la greffe, à cause de l'incertitude des résultats et de la lenteur du plant à fructifier (1).

Quel soin faut-il prendre lorsqu'on veut multiplier ou remplacer la vigne?

Il est très-important, lorsqu'on veut faire des boutures, des crossettes et des marcottes, de choisir les meilleurs cépages, ceux qu'une longue expérience a fait connaître comme les plus productifs en qualité et en quantité dans le terrain auquel on les destine. Il faut surtout rechercher la qualité et non la quantité. Bien souvent, et c'est le cas le plus général, les vignerons sacrifient la qualité à la quantité; voilà pourquoi leurs vins sont de qualité inférieure.

(1) Un moyen de multiplier la vigne avec rapidité est celui qui consiste à coucher les sarments provenant de la taille dans toute leur longueur, à 8 ou 10 centimètres de profondeur dans un sol humide. De chaque nœud, il sort, d'un côté, des racines, de l'autre, des tiges : ainsi, l'année suivante, on peut planter autant de pieds de vigne qu'on a mis de nœuds en terre.

Quels sont les cépages les plus estimés ?

Les cépages les plus estimés sont, pour les départements du Nord : le *pineau noir*, le *pineau gris* et le *pineau blanc* qui font un excellent vin ; le *gamet*, le *gros noir*, le *sauvignon* et les *chasselas*.

Pour ceux du Midi : le *pic-à-poule* ou *pique-poule*, le *semillon*, le *picardan*, le *grenache*, les *muscats*, le *noir-de-Pressac* ou *pied-de-perdrix* et les *blanques* ou *blanquettes*, ou *clairettes*.

3. — Plantation de la vigne.

A quelle époque plante-t-on la vigne ?

La plantation de la vigne se fait ordinairement du mois de janvier au mois d'avril.

Comment se fait-elle ?

La terre ayant été bien préparée par des labours ou par un défoncement à la bêche, et bien nettoyée des mauvaises herbes, on ouvre des tranchées de 35 à 40 centimètres de profondeur, d'une largeur égale, et séparées par une distance d'environ 60 centimètres, sur laquelle on rejette la terre qui en provient. Les racines de la vigne tendant à s'enfoncer, on favorise cette tendance en ameublissant convenablement le sol au fond de la tranchée ; puis, on tend un cordeau au milieu de chaque fossé et on y plante les marcottes, ou les crossettes, ou les boutures, à distance de 60 à 80 centimètres les unes des autres (1). On ré-

(1) Les anciens les mettaient à 2 pieds et demi (82 centimètres). (Géoponiques.)

pand sur chaque pied un peu de bonne terre; on met par-dessus des feuilles, du terreau, ou mieux encore du gazon, et enfin, on recouvre le tout avec la terre extraite des fossés.

Que fait-on si le défoncement total du terrain est impossible ?

Si le défoncement total du terrain est impossible, on creuse des *fossettes* ou *augets* de 30 à 35 centimètres de profondeur, dans lesquels on plante la vigne de la manière qu'il a été dit ci-dessus.

Que fait-on si le terrain est en pente?

Si le terrain est en pente, on pratique de distance en distance des fossés transversaux qui sont destinés à recevoir la terre qui est entraînée par les pluies; cette terre est remontée tous les ans et répandue sur la surface aux lieux d'où elle avait été entraînée.

Quels sont les soins à donner à la vigne nouvelle?

La vigne doit être nettoyée des mauvaises herbes et binée assez souvent pour que l'air et la chaleur puissent pénétrer facilement jusqu'aux racines. L'année qui suit celle de la plantation, le sarment est rabattu (1) à un œil; la seconde année, il est rabattu à deux yeux; la troisième, à 2 ou 3 yeux; et enfin, à la quatrième, on le rabat encore à un œil. A la cinquième année, la vigne entre en rapport.

(1) Taillé.

4. — Des soins à donner à la vigne.

Quel est le premier soin à donner à la vigne?

Le premier soin à donner à la vigne qui est en rapport, c'est le *déchaussement*, qui consiste à déchausser chaque cep avec précaution pour rogner les racines superficielles et pour procéder à l'*essartage*, c'est-à-dire à l'enlèvement des drageons (1) qui peuvent avoir poussé du collet de la plante.

Quel est le second?

Le second est celui de la *taille*, qui se fait en janvier et février.

Quel est le but de la taille de la vigne?

La *taille* a pour but de favoriser la croissance des branches à fruit, de rajeunir en quelque sorte la vigne tous les ans; et comme les mêmes branches ne produiraient pas l'année d'après, il est très-important de faire cette opération tous les ans en temps utile.

Quel est le nombre des coursons ou œuvres qu'on doit laisser à chaque cep?

Le nombre des *coursons* qu'on doit laisser à chaque cep doit être en rapport avec la force du pied et l'espace qu'il a pour végéter. On a soin de tailler le courson de manière à ce que le raisin puisse jouir de la lumière, de la chaleur, de la rosée, etc., ce qui fait qu'on ne le laisse jamais devant le cep. On reconnait les bons bourgeons à leur fraîcheur et à leur vigueur. On les ra-

(1) Rejetons.

bat ordinairement à deux ou trois yeux ; il ne faut guère dépasser ce dernier chiffre dans la crainte d'épuiser trop promptement la vigne.

De quoi se sert-on pour tailler la vigne ?

On se sert de la *serpe* et du *sécateur*. Celui-ci fait le travail plus promptement, mais il a l'inconvénient d'exercer, sur les bords de la plaie, une pression qui occasionne quelquefois le dessèchement du sarment à cet endroit. C'est pourquoi, lorsqu'on l'emploie, on doit toujours laisser l'onglet (1) un peu plus long que d'ordinaire.

Doit-on fumer la vigne ?

En général, tous les fumiers sont contraires à la vigne. S'ils excitent la croissance du cep et des sarments, ils nuisent à la qualité du vin. Pour rendre à la terre sa fécondité qu'elle perdrait promptement, on emploie avec succès les curures des fossés, des mares, les boues des rues, des cours, les terres nouvelles qu'on peut y transporter, le marc de raisin, les composts faits avec de la terre, des feuilles d'arbres, des herbes sèches et du gazon. On peut encore recourir à l'enfouissement des engrais verts, tels que le sarrasin, le lupin, le trèfle, le sainfoin surtout, etc. Ce dernier moyen est le plus économique, et, bien souvent, le seul praticable dans certaines localités.

Est-il bon de cultiver des céréales entre les ceps ?

C'est une faute : les plantes étrangères qu'on y cul-

(1) Bois qui reste au-dessus de l'œil après la taille.

tive enlèvent à la vigne les sucs dont elle a besoin pour nourrir les nombreux sarments qu'elle pousse; mais si l'on veut absolument utiliser l'espace vide qui reste entre les ceps, on peut y cultiver des plantes basses, telles que les lentilles, les haricots nains, les raves, les melons, etc.

Que fait-on après la taille de la vigne?

La vigne a besoin pour prospérer de l'influence de l'air, de la chaleur et de l'humidité; il faut donc tenir la terre constamment ameublie pour que l'atmosphère puisse y exercer son action. La première façon qu'on donne est le *houage* ou *fossouage;* il se fait avec un hoyau ou houe fourchue, à dents aplaties, pour ne pas blesser les racines, et a pour but de retourner la terre et d'extirper les mauvaises herbes. Il peut aussi se faire à la charrue trainée par des bœufs ou par des vaches.

Quelques jours avant la floraison, on donne un second binage pour émietter la terre et détruire les mauvaises herbes. Préalablement, on a attaché après les échalas les sarments qui ont poussé. Enfin, toutes les fois que les mauvaises herbes se montrent et que la terre se durcit, on donne une nouvelle façon en temps convenable. De toutes ces façons dépendent la durée de la vigne et l'abondance du raisin.

Que doit-on observer en travaillant la vigne?

Lorsqu'on donne des labours, des binages, des sarclages ou d'autres façons à la vigne, on doit éviter de le faire par un temps humide, et de blesser ou endommager les tiges inférieures avec les instruments, parce que, dit le proverbe, *vigne blessée est à moitié vendangée.*

Qu'est-ce que l'ébourgeonnement?

L'*ébourgeonnement* a pour but la suppression des faux jets, des faux yeux et des vrilles, qui absorbent la séve au détriment des pousses qui doivent porter le fruit.

Qu'est-ce que l'épamprage?

L'*épamprage* ou *pincement* a pour but de raccourcir le sarment au-dessus du dernier œil. Cette opération arrête la séve qui se porte sur le fruit, le fait grossir davantage et mûrir plus promptement. Les produits de l'ébourgeonnement et de l'épamprage se donnent aux bestiaux.

Qu'est-ce que l'effeuillage?

L'*effeuillage* consiste à enlever quelques-unes des feuilles qui recouvrent la grappe pour la mettre en contact plus direct avec les rayons du soleil. Cette opération ne se fait que quinze jours avant la maturité du fruit; il faut avoir soin de ne pas découvrir complétement le fruit et de conserver le *pétiole* ou la queue des feuilles qu'on enlève.

Qu'est-ce que l'éclaircie de la grappe?

L'*éclaircie de la grappe* a pour but d'enlever une partie des grains avec des ciseaux, quelque temps avant la maturité. Elle ne se fait que pour les raisins de table, lorsqu'ils sont trop serrés, pour faire grossir ceux qui restent.

Comment remplace-t-on les ceps épuisés?

Pour remplacer les ceps épuisés, on emploie le *provignage.*

En quoi consiste le provignage?

Le *provignage* consiste à recourber en terre un sarment du cep voisin sans l'en détacher, à le fixer dans une petite rigole avec un crochet, et à le recouvrir de terre en laissant sortir deux yeux hors du sol et en enlevant tous ceux qui sont compris entre le point de départ et celui où il entre en terre. Dans cet état, il pousse des racines; lorsqu'il a pris assez de force, on le détache du pied-mère.

5. — Récolte du Raisin, ou Vendange.

Comment s'appelle la récolte du raisin et à quelle époque se fait-elle?

La récolte du raisin s'appelle la *vendange;* elle a lieu ordinairement dans le courant d'octobre, et l'on ne doit jamais la faire avant que les raisins ne soient complétement mûrs. Le *ban* ou l'ouverture de la vendange est fixé par l'autorité locale.

Comment les grappes sont-elles détachées de la tige?

Les grappes sont détachées de la tige en les cassant à un nœud ou en les coupant avec un couteau. On les met dans des paniers pour les transporter dans la cuve.

Comment le raisin est-il traité dans la cuve?

Les grappes sont mises tout entières dans la cuve. Il serait mieux cependant de séparer le raisin de la râfle (1). Lorsque la cuve est pleine, on commence à sou-

(1) Ce qui reste de la grappe quand on en a ôté tous les raisins.

tirer le vin qui peut sortir par suite de la pression du raisin même, et ce vin est appelé *vin de grappe*. Quelques jours après on foule le raisin.

Plus le raisin reste en cuve, plus le vin prend de couleur. Bien souvent les vignerons sont dans l'habitude, pour satisfaire les exigences des acheteurs qui veulent du vin coloré, de l'y laisser plus longtemps qu'il ne faudrait; et comme il pourrait s'aigrir, on doit le visiter souvent. Il n'est pas prudent d'entrer dans le cellier sans s'être assuré qu'il n'y a aucun danger; le gaz acide carbonique qui se dégage par suite de la fermentation peut causer l'asphyxie. Pour s'assurer qu'il n'y a pas de danger, il suffit d'allumer une chandelle et de l'introduire dans le cellier avant d'y pénétrer. Si la lumière vacille ou s'éteint, le danger est imminent, et il faut renouveler l'air. Dans le cas contraire, il n'y a pas de danger.

Lorsqu'on a soutiré tout le vin obtenu par le foulage, on soumet le marc à la presse et on met le vin dans des cuves où il fermente; après quoi, il est mis en barriques.

Quel est le premier travail à faire dans les vignes après la vendange?

La première opération à faire dans les vignes après la vendange, c'est d'ôter tous les échalas et de couper l'extrémité des sarments, ce qu'on appelle *ébarber*. Ces sarments et les feuilles qui s'y trouvent peuvent être donnés aux bestiaux.

CHAPITRE III.

Culture des prairies naturelles.

32me LEÇON.

Des prairies.

Qu'appelle-t-on prairies naturelles?

Les *prairies naturelles* sont celles où la graine, une fois semée, se perpétue et se multiplie d'elle-même sans qu'il soit besoin d'ensemencer de nouveau le sol.

Y a-t-il beaucoup de prairies naturelles dans notre pays?

Une grande partie du terrain de la France est consacrée à la culture des prairies naturelles, qui sont l'un des plus fermes soutiens de l'agriculture, parce que les prairies artificielles, n'occupant encore qu'un espace fort restreint, elles fournissent presque tous les fourrages. Elles exigent peu de travail et assurent tout d'abord la nourriture du bétail; c'est pourquoi il est important de leur donner tous les soins qui peuvent les faire produire abondamment.

Quelle espèce de terrain occupent-elles?

Elles occupent ordinairement les lieux les plus humides ou situés le long des cours d'eau, des rivières. Il est très-essentiel d'avoir de l'eau pour arroser les prairies : c'est dans ce but que l'on construit des réservoirs pour recueillir l'eau des sources et celle qui tombe du ciel.

Quelle doit être la position des prairies?

Pour donner des produits abondants, les prairies doivent, autant que possible, être nivelées.

Si le terrain est accidenté, s'il s'y trouve des monticules, il est nivelé par le procédé du *colmatage*, qui consiste à enlever le gazon de la surface de ces monticules, à piocher la terre qui forme la difformité et à la transporter dans les bas-fonds.

Fume-t-on les prairies?

On n'est pas dans l'usage de fumer les prairies naturelles : cela tient au manque d'engrais. Si on les fume, c'est au détriment des terres. C'est pourquoi il est important de faire des prairies artificielles dont le produit permettra d'augmenter la quantité de bétail entretenue et procurera une plus grande masse d'engrais, qu'on emploiera, soit à l'amendement des terres, soit à celui des prairies naturelles.

Si l'on a du fumier, à quelle époque doit-on fumer les prairies?

Tous les trois ou quatre ans, une certaine quantité de fumier doit être conduite sur les prairies naturelles, en février, et être répandue ensuite sur les parties recouvertes de mauvaises plantes, telles que les joncs, les laîches, les arrête-bœuf ou bugranes, la zizanie, etc., qui donnent un très-mauvais fourrage.

Quel fumier emploie-t-on de préférence pour amender les prairies?

On emploie de préférence, dans les prairies, le fumier de vache et celui de cochon, bien consommés, les boues des rues, les vases provenant des mares, des fossés ou des étangs.

Que fait-on au printemps?

Au printemps, lorsque le fumier a déposé ses sucs sur le sol, on enlève les débris pailleux avec un râteau.

33me LEÇON.

Des Irrigations.

Quel est le meilleur moyen d'augmenter la fertilité des prairies?

Le meilleur moyen d'augmenter la fertilité des prairies naturelles, c'est de les arroser fréquemment par le moyen *des irrigations* ou de l'*arrosement à grande eau*.

De quelle eau se sert-on pour arroser les prairies?

On a rarement à choisir l'eau qu'on destine à arroser une prairie; on est toujours obligé de se contenter de celle que l'on a recueillie des sources, par des réservoirs construits dans ce but, ou de celle d'un ruisseau qu'on peut y conduire.

Les eaux des ruisseaux qui charrient une matière limoneuse donnent une grande fertilité au sol sur lequel on les emploie. Les eaux de source qui contiennent une certaine quantité de calcaire, sont aussi excellentes et d'autant meilleures qu'on les emploie plus près de leur source. Les moins bonnes sont celles qui sortent immédiatement des montagnes composées de granit ou d'autres pierres ne contenant pas de chaux.

Quelle quantité d'eau faut-il pour arroser convenablement une prairie?

Pour arroser convenablement une prairie, il faut une couche d'eau d'un centimètre d'épaisseur.

Comment fait-on pour amener l'eau d'un ruisseau sur une prairie?

Lorsqu'on peut amener un ruisseau sur le pré, on s'empare de l'eau par le moyen d'un *canal de dérivation*, où elle est arrêtée par des *vannes* (1) qui la font répandre sur la surface.

Comment fait-on si le cours d'eau n'est pas considérable?

Si le cours d'eau n'est pas considérable, ou si, comme cela arrive presque toujours, on n'a que l'eau des réservoirs, on trace une *maîtresse-rigole* ou *déversoir*, qui prend l'eau dans le réservoir et qui se prolonge autant que possible en suivant toutes les sinuosités du pré, de manière à conserver presque toujours son niveau et qui diminue de largeur en s'éloignant du réservoir. On trace ensuite d'autres petites rigoles d'*irrigation*, peu profondes, qui sont destinées à répandre uniformément

(1) Espèce de porte en bois qui, dans un ruisseau, se hausse et se baisse pour retenir et laisser couler l'eau.

l'eau sur toute la surface ; elles reçoivent l'eau des rigoles supérieures de manière à ce qu'elle ne séjourne jamais à la surface. Quelques mottes de gazon suffisent pour arrêter l'eau dans la maîtresse-rigole, afin de la forcer à se répandre sur la partie du pré que l'on veut arroser. Les rigoles d'irrigation n'ont qu'une légère inclinaison, et jouent, par rapport aux rigoles supérieures, le rôle de *rigoles de dessèchement.*

A quelle époque fait-on les irrigations?

Les premières irrigations des prés se donnent toujours avant l'hiver et se continuent plusieurs jours consécutifs. Dans le courant de l'hiver, on recommence l'irrigation à plusieurs reprises; mais alors on baigne complétement le terrain et on laisse un intervalle de quelques jours entre les irrigations. On a à craindre les gelées qui font un grand tort aux prairies, si elles surviennent avant que la surface ait été bien ressuyée ou immédiatement après que l'eau a été ôtée.

Après la fenaison, on recommence les irrigations. Mais il faut éviter de mettre l'eau sur le pré avant qu'il ne soit complétement ressuyé, comme aussi de la laisser séjourner trop longtemps sur le terrain, ce que l'on reconnait à une espèce d'écume blanche qu'on aperçoit sur la partie arrosée.

A quelle époque rigole-t-on les prés?

Le *rigolage* des prés ou le curement des rigoles se fait en automne ou au mois de janvier.

Avec quel instrument?

Avec le *rigoleur* ou *tranche-gazon*, ou même avec la bêche.

Quels sont les insectes qui ravagent les prés?

Les *taupes* font de grands ravages dans les prairies en ramenant à leur surface des terres qu'elles repoussent avec leur museau et dont elles forment de petits monticules qui gênent considérablement le travail de la fauchaison. Mais, comme on l'a fort bien dit, les taupes ne sont nuisibles qu'aux paresseux, car cette terre fraîchement remuée favorise la croissance de l'herbe si elle est répandue immédiatement à la pelle sur la surface du pré.

Comment fait-on la chasse aux taupes?

On fait la chasse aux taupes au moyen de piéges appelés *taupières*, qu'on tend dans leurs galeries de passage, ou en les guettant au moment du travail et les enlevant avec la bêche.

Les taupes travaillent au soleil levant, à midi, et au soleil couchant.

Doit-on mener les bestiaux paître les prairies?

On diminue de beaucoup le produit des prés en y faisant paître les bestiaux. Outre que ces animaux font avec leurs pieds de grands dégâts dans les lieux humides, on perd encore le fumier qu'ils feraient s'ils étaient nourris à l'étable. Ce mode de pâturage a encore l'inconvénient de ne donner aux bestiaux qu'une nourriture insuffisante, d'épuiser le terrain et de retarder le moment de la récolte. Il fait perdre en qualité et en quantité.

Qu'est-ce qu'on appelle pacages?

Les *pacages* sont des prairies qu'on ne fauche jamais et qui sont destinées à être broutées par les bestiaux.

C'est là qu'on doit les conduire, si l'on adopte le système de nourriture au dehors pendant l'été, ce que nous ne conseillerons jamais, ou si l'on veut leur procurer de temps en temps un utile exercice. Il est bien entendu que nous ne parlons ici que des bêtes à cornes.

Quelles sont les plantes qui donnent le meilleur foin?

Les plantes qui donnent le meilleur foin et qu'on doit cultiver dans les prés, sont: les *agrostis*, les *vulpins*, l'*avoine élevée*, les *brômes*, le *dactyle pelotonné*, les *fétuques*, le *sainfoin commun*, la *gesse des prés* et la *gesse cultivée*, l'*ivraie vivace*, la *fléole des prés*, les *pâturins*, la *spergule des champs*, les *trèfles* et les *vesces*, les *houques*, etc.

34me LEÇON.

De la Fauchaison.

A quelle époque se fait la fauchaison?

Le moment le plus favorable pour *faucher* les fourrages des prés est celui où la plupart des plantes sont en pleine floraison. Le fourrage alors est plus succulent et plus vert qu'à tout autre moment. Si l'on attend la complète maturité, il a perdu tous les sucs qui se sont portés dans la graine; on n'a plus du foin, mais de la paille. Du reste, on ne doit jamais perdre de vue ce principe que nous avons déjà posé, *que toutes les plantes qui viennent à complète maturité épuisent plus le sol que celles que l'on coupe avant cette époque*.

Comment les faucheurs doivent-ils couper l'herbe?

Les faucheurs doivent couper l'herbe aussi près que possible de la surface du sol, parce que l'herbe la plus fine et la plus épaisse s'y trouve; c'est pour cela qu'il est si utile de bien répandre la terre des taupinières.

Comment se fait la fenaison?

La fenaison s'opère aussitôt que la surface des andains a été desséchée par le soleil, mais pas avant; on éparpille l'herbe avec des fourches et on la retourne plusieurs fois. Avant que la rosée retombe, on la met en petits tas ou *chevrottes*. Ce qui est fauché depuis quatre heures reste en andains. Le lendemain, dès que la rosée est dissipée, on éparpille encore les chevrottes et les andains du soir précédent. Il faut alors avoir le soin de ne pas laisser le foin écarté sur le gazon à la rosée ou à la pluie. Le soir, on le met en *meules* dont le volume augmente à mesure que la dessiccation s'avance. Lorsqu'il est tout à fait sec, on le met en meules, et il peut sans danger rester plusieurs jours dans cet état, même exposé à la pluie. Si le temps le permet, on peut le rentrer le troisième jour.

Si la pluie survient aussitôt qu'on a fauché, que faut-il faire?

Si, lorsqu'on a fauché, le temps menace de se mettre à la pluie, il ne faut pas éparpiller les andains, car l'herbe peut rester dans cet état plusieurs jours sans se détériorer.

Comment place-t-on le foin en le rentrant?

Lorsqu'on rentre le foin, on le serre dans le grenier, ou on le met en meules à l'air.

Comment le place-t-on dans le grenier?

Si on le serre dans le grenier, il est bon de l'y entasser fortement et également partout, pour que la fermentation puisse s'y opérer uniformément. Cette fermentation est très-utile pour la bonne qualité du foin. Si le tassement n'était pas uniforme, la moisissure, la pourriture ou l'inflammation pourraient se manifester dans la partie qui n'aurait pas été bien tassée. Il faut éviter de faire tomber dans le foin des objets en métal, surtout en fer; ces objets, se rouillant par leur contact avec la *sueur* du foin, occasionneraient l'inflammation.

Comment fait-on les meules?

Si l'on met le foin en meules devant l'exploitation, on les fait rondes ou carrées: on y tasse fortement le foin et on les recouvre d'un chapeau mobile. Le foin conservé en meules est aussi bon que celui qui est conservé dans le grenier. Si même il est mis en meules avant d'être parfaitement sec, il prend une teinte brune et un goût particulier qui le fait rechercher par les bestiaux (1).

Qu'est-ce que le regain?

C'est l'herbe de la seconde coupe qu'on fait à l'automne.

(1) Dombasle dit que ce foin brun est préférable à l'autre pour l'engraissement des bœufs.

CHAPITRE IV.

Des plantes qui améliorent le sol et de celles qui l'épuisent.

35me LEÇON.

Plantes améliorantes et plantes épuisantes.

Quelles sont les plantes qui améliorent le sol ?

Les plantes *qui améliorent le sol* sont celles qui lui rendent plus qu'elles n'en reçoivent ; elles puisent par leurs racines, dans l'intérieur de la terre, les sucs nourriciers qu'elles ramènent à la surface. Telles sont : la luzerne, le sainfoin, le trèfle, la spergule, les vesces et toutes les plantes qui composent les prairies naturelles, lorsqu'elles sont coupées avant leur complète maturité.

Quelles sont les plantes qui épuisent le sol ?

Les plantes qui *épuisent le sol* sont celles qui ne rendent absolument rien en échange de ce qu'elles ont reçu, et qui exigent beaucoup d'engrais. Telles sont : le colza, le chanvre, le pavot, le lin, le blé, le seigle, les choux, les navets, l'orge, l'avoine, les pois, les lentilles, les betteraves, les pommes de terre, etc.

36me LEÇON.

De la succession des Plantes.

Quelles sont les plantes qui peuvent se succéder à elles-mêmes?

Les plantes qui peuvent se succéder à elles-mêmes sans diminution de produits, sont : les herbes des prés, le chanvre, le tabac, le topinambour, le seigle et l'avoine ; encore ces deux dernières ont-elles besoin, pour cela, que la bonne culture rende à la terre ses qualités fertilisantes.

Quelles sont les plantes qui ne peuvent se succéder à elles-mêmes?

Les plantes qui ne peuvent être semées après elles-mêmes sont celles qui ne peuvent se succéder sans donner des produits inférieurs à celui de la première récolte, qui finissent même, comme on le dit communément, par *lasser* le terrain. De ce nombre sont : les pois, le trèfle, le lin, le blé, les pommes de terre, le colza, la luzerne, le sainfoin, etc.

A quels intervalles les plantes que nous venons de nommer peuvent-elles revenir sur le même terrain?

Les pois ne doivent jamais revenir sur le même terrain qu'au bout de cinq ans au moins ; le trèfle, dans les terrains sablonneux, que tous les quatre ou cinq ans (1 ;

(1) Le lin et le trèfle ne réussissent jamais si bien que sur un terrain qui n'en a jamais porté.

le lin, tous les huit ou dix ans ; le froment, tous les deux ans au moins ; la luzerne et le sainfoin, qu'après un laps de temps égal à celui de leur durée ; et le colza, tous les 5 ans.

Les pommes de terre qui se succèdent ne donnent pas autant la deuxième année que la première, et encore moins la troisième ; et, si l'on continue à les planter sur le même terrain, elles sont attaquées de diverses maladies.

C'est peut-être là une des causes de celle qui, depuis quelques années, fait le désespoir des cultivateurs.

CHAPITRE V.

De la Jachère et des Assolements.

37me LEÇON.

De la Jachère.

Qu'appelle-t-on jachère?

On appelle *jachère* la terre qu'on laisse sans culture pour qu'elle reprenne les propriétés fertilisantes qu'elle a perdues par la production de plusieurs récoltes épuisantes.

Qu'est-ce que la jachère complète ?

La jachère est *complète* quand la terre reste en repos pendant une ou plusieurs années.

Qu'est-ce que la demi-jachère ?

On fait une *demi-jachère* lorsque la terre n'est en repos que pendant six mois.

Quels sont les travaux d'une jachère complète ?

La jachère proprement dite ne consiste pas dans un repos absolu de la terre, comme on le croit ordinairement. Une jachère bien soignée doit recevoir, immédiatement après l'enlèvement de la céréale, un coup de herse et un fort labour à la charrue. En mars, le sol reçoit un coup d'extirpateur, et en avril ou en mai, un nouveau labour qu'on fait suivre d'un ou de deux autres, et d'autant de coups de herse après chaque labour.

Quel est le but qu'on se propose dans la jachère ?

Le but de la jachère est de détruire complétement les herbes parasites et de soumettre toutes les parties de la terre aux influences de l'atmosphère ; on doit donc avoir le plus grand soin de ne pas laisser venir aucune herbe à graine dans les terres en repos.

En quoi la jachère ordinaire est-elle défectueuse ?

La jachère, telle qu'on la pratique ordinairement, est défectueuse en ce qu'on néglige les labours d'été et qu'on attend le printemps pour retourner le sol. A ce moment, les mauvaises herbes se sont enracinées; la saison étant ordinairement pluvieuse, elles ne peuvent sécher lorsqu'elles ont été déracinées par les instruments, tandis qu'en été, au mois d'août, la chaleur favoriserait singulièrement cette opération.

La jachère doit-elle exister dans une culture bien entendue ?

Dans une culture bien entendue, la jachère ne doit pas exister ; on n'y a recours que lorsque le sol est infesté de chiendent ou d'autres mauvaises herbes, ou lorsqu'il est tellement argileux qu'on n'a pas assez de temps pour lui donner toutes les façons. Dans le premier cas, on ne doit pas hésiter d'avoir recours à ce moyen de nettoyer le sol.

Par quoi doit être remplacée la jachère ?

La jachère est remplacée par la culture des plantes sarclées et des plantes fourragères, qui procure au terrain les avantages de la jachère en lui faisant produire, en même temps, de bonnes récoltes.

Quels avantages retire-t-on de la suppression de la jachère ?

La suppression de la jachère procure des avantages considérables : 1° elle permet de mettre en culture la moitié ou le tiers des terres qui restaient incultes, et dont la perte est très-grande si on la calcule relativement au pays entier ; 2° d'adopter la culture des plantes sarclées et des plantes fourragères, dont les produits permettent d'augmenter le nombre des bestiaux, et, par suite, la quantité des engrais qui sont employés à l'amélioration des terres.

38me LEÇON.

Des assolements.

Qu'est-ce qu'assoler le terrain ?

Assoler le terrain, c'est adopter une série consécutive

de cultures d'espèces différentes ; le *dessoler*, c'est changer l'ordre de leur succession.

Qu'est-ce qu'une sole ?

Chaque année de la rotation commence une *sole*. Le terrain se divise en autant de *soles* ou compartiments que l'assolement exige d'années. Ainsi, dans l'assolement biennal, on le divise en deux soles ; dans l'assolement triennal, on le divise en trois ; ainsi de suite.

Qu'entend-on par système de culture, ou assolement ?

On entend par *système de culture* ou *assolement*, ou *rotation des récoltes*, la manière dont on divise les champs, et l'ordre dans lequel on fait succéder les récoltes les unes aux autres.

Est-il bien important de choisir un bon système de culture ?

Il est très-important, pour le cultivateur, de faire choix d'un bon système de culture, car de là dépend sa richesse ou sa ruine.

Sur quoi repose la théorie des assolements ?

La théorie des assolements repose sur les principes suivants :

1° Faire précéder et suivre les cultures épuisantes par d'autres cultures propres à reposer la terre et à lui rendre sa fécondité ;

2° Éloigner autant que possible les plantes d'une même famille, c'est-à-dire à une plante d'une certaine espèce, faire succéder une plante d'une autre espèce ;

3° Aux cultures qui facilitent la croissance des mauvaises herbes, faire succéder des récoltes qui les détruisent ou les empêchent de se développer, soit par leur prompte végétation, soit par les différentes façons qu'on est obligé de leur donner;

4° Appliquer de préférence le fumier aux récoltes sarclées, ou à celles dont le feuillage épais étouffe les mauvaises herbes;

5° Combiner les récoltes de manière qu'entre la récolte d'une plante et la semaille de celle qui suit, on puisse donner à la terre les préparations nécessaires, et que le travail soit uniformément distribué dans toutes les saisons de l'année.

Quel est l'assolement ancien, encore suivi dans quelques localités?

L'assolement ancien, qui était suivi lorsque la France était composée de terres labourables établies sur les forêts défrichées, et qui s'est conservé jusqu'à nos jours dans certaines localités, est celui-ci :

Un tiers de céréales d'hiver;

Un tiers de céréales de printemps;

Un tiers de jachère.

Cet assolement donne de bons résultats pendant trois et quatre ans; mais enfin, faute de fumier, la terre redevient stérile et le rendement diminue considérablement.

Quels sont les assolements les plus convenables?

D'après les principes que nous avons posés dans ce qui précède, voici les assolements que nous proposerons pour tous les terrains

I. Assolements pour sols sablonneux.

1re année ou 1re sole, Seigle;
2e id. Plantes sarclées, pommes de terre, betteraves, raves, navets fumés.

OU :

1. Plantes sarclées fumées;
2. Seigle;
3. Céréales de printemps fumées avec trèfle;
4. Trèfle;
5. Seigle.

OU :

1. Seigle;
2. Céréales de printemps fumées avec trèfle;
3. Trèfle;
4. Seigle;
5. Plantes sarclées avec fumier.

II. Assolements pour sols argileux.

1re année, plantes sarclées fumées;
2. Blé, avec trèfle semé à l'automne ou au printemps;
3. Trèfle;
4. Ble.

OU :

1. Plantes sarclées et fumées;
2. Céréales de printemps avec trèfle;
3. Trèfle;
4. Blé.

OU :

1. Blé;
2. Avoine fumée avec trèfle;
3. Trèfle;
4. Blé;
5. Plantes sarclées.

OU :

1. Blé avec trèfle semé à l'automne ou au printemps;
2. Trèfle;
3. Plantes sarclées, avoine, sarrasin, fumés.

III. Assolements pour sols calcaires.

1re année, Blé;
2. Maïs, haricots, fèves, pommes de terre, betteraves, fumés;
3. Blé avec trèfle;
4. Trèfle.

OU :

1. Blé suivi d'un sarrasin avec demi-fumure et trèfle;

2. Trèfle;
3. Blé;
4. Plantes sarclées fumées, maïs, fèves, haricots, betteraves, navets.

ou :

1. Blé;
2. Avoine fumée avec trèfle;
3. Trèfle;
4. Blé;
5. Plantes sarclées.

ou, pour les cultivateurs qui adoptent la culture du sainfoin et de la luzerne :

1. Plantes sarclées et fumées;
2. Blé avec trèfle;
3. Trèfle;
4. Blé ou avoine;
5. Plantes sarclées;
6. Sainfoin ou luzerne pour cinq, six et sept ans, ou même davantage si le sol leur convient, et si on ne néglige pas les hersages que nous avons conseillés.

CHAPITRE VI.

Des travaux de culture.

Quels sont les principaux travaux de la culture des terres?

Les principaux travaux de la culture des terres sont: *Les labours, le défoncement, le défrichement, l'écobuage, les sarclages, les binages, les hersages, les buttages, les roulages.*

39me LEÇON.

I. — Des Labours.

Quel est le but des labours?

Les labours ont pour but de remuer la terre végétale

pour la mettre en contact avec l'air, afin de lui rendre sa fertilité. Ils s'exécutent à la charrue.

Quelle est la condition essentielle d'un labour ?

La condition essentielle d'un labour est que les parties soulevées par le soc de la charrue soient non-seulement déplacées, mais ramenées à la surface, et que celles de la surface soient retournées au fond du sillon.

Qu'est-ce que le sillon ?

Le *sillon* est la raie tracée par la charrue.

Comment les labours sont-ils dirigés ?

Les labours sont habituellement dirigés dans le sens de la pente, pour donner un écoulement plus facile aux eaux. Mais lorsque la pente est considérable, on trace le sillon perpendiculairement à cette pente, afin que les engrais et la terre remuée ne soient pas si facilement entraînés par les pluies, et que le travail des attelages soit diminué.

Quelle est la profondeur qu'on doit donner aux labours?

La profondeur des labours varie suivant l'épaisseur de la couche arable. Ordinairement, le premier est le plus profond ; il est bon qu'il atteigne 30 à 40 centimètres, pourvu qu'à cette profondeur on ne retourne par une terre infertile; les autres diminuent de manière à ce que le dernier n'ait que quelques centimètres de profondeur.

Comment laboure-t-on?

On laboure *à plat*, *en billons* ou *en planches.*

Qu'est-ce que labourer à plat?

Labourer à plat, c'est jeter la terre toujours du même côté du champ et remplir successivement chaque raie en en traçant une autre à côté, de sorte qu'une terre ainsi labourée présente une surface unie.

Qu'est-ce que labourer en billons?

Labourer en billons, c'est faire de distance en distance des sillons creux et élever la terre en forme de dos d'âne entre ces deux raies.

Qu'est-ce que labourer en planches?

Labourer en planches, c'est la même chose que labourer en billons, à la seule différence que les sillons creux sont plus éloignés les uns des autres.

Quelles terres laboure-t-on à plat?

Les terres en pente se labourent à plat, et lorsque le travail est terminé, on tire, dans le sens de la pente, un certain nombre de sillons qu'on nomme *sillons d'écoulement*, et qui ont pour but de faciliter l'écoulement des eaux. Dans le courant de l'hiver et au printemps, après la fonte des neiges, ces sillons sont visités et curés, en rejetant à droite et à gauche la terre que les eaux y ont entraînée.

De quelle charrue se sert-on pour labourer à plat?

On se sert, pour labourer à plat, de la charrue *tourne-oreille* et de la charrue à deux versoirs.

Comment laboure-t-on les terrains en pente douce?

Les terrains en pente douce ou qui ont une faible inclinaison, se labourent en planches de 10 ou 15 mètres. On se sert alors de la charrue à un seul versoir.

Le laboureur divise la largeur de la planche en deux parties par un sillon tracé au milieu. Lorsqu'il est arrivé au bout du champ, il tourne à droite, et renverse la terre à gauche sur le premier sillon. Arrivé à l'extrémité de la raie, il tourne encore à droite, et va tracer un autre sillon à droite du premier en renversant la bande de terre à gauche. Et il continue ainsi jusqu'à ce qu'il ait retourné toute la surface de la planche, en ayant soin de pénétrer plus profondément en terre lorsqu'il arrive au premier sillon à droite et à gauche.

Comment trace-t-on un billon?

Pour tracer un billon, le laboureur trace un sillon comme précédemment au milieu du billon dont la largeur doit être de 1m à 1m 50; il trace les autres sillons à droite et à gauche du premier, de manière à toujours renverser la terre de son côté, ce qui produit un bombement à dos d'âne au milieu.

Le labour à billons est-il bien employé?

Le labour à billons est presque le seul employé dans quelques départements du centre; cependant il ne convient qu'aux terres en plaine, sujettes à l'humidité, et il doit être abandonné dans tous les autres cas à cause de ses inconvénients.

Quels sont les inconvénients du labour à billons?

Les inconvénients du labour à billons sont : 1° d'être très-lent en exigeant plus de temps que les autres; — 2° de faire perdre une grande quantité de terrain, puisque la distance entre deux billons, qui est de 20 à 30 centimètres, reste inculte; — 3° d'offrir de grandes difficultés aux travaux de la herse et du rouleau, qui ne peuvent fonctionner convenablement sur un terrain ainsi labouré.

Qu'arrive-t-il lorsque les terres sont entourées de haies?

Lorsque les terres sont entourées de haies ou clôtures, les bestiaux ne peuvent arriver jusqu'au bout avec la charrue, et il reste un petit espace à retourner aux deux extrémités du champ. Cet espace s'appelle *tavèle* ou *tavelle*, qui signifie *passement fort étroit.* Pour le labourer, l'ouvrier recommence le travail dans un sens opposé au premier, et le termine sur ce petit espace comme sur le champ en entier.

2. — Époque des Labours.

Quel préjugé existe-t-il relativement aux labours d'été?

Il existe un préjugé très-préjudiciable à l'agriculture: c'est de croire qu'on ne peut labourer les terres en été, et que les chaleurs du mois d'août favorisent dans ce cas la croissance des plantes adventices, notamment du chardon. Il n'en est rien; c'est tout le contraire. Les terres argileuses surtout se trouvent très-bien d'un labour donné au mois d'août; elles peuvent même être labourées en décembre et jusqu'en janvier; les gelées de l'hiver pulvérisent la surface, et si le sol n'est pas infesté de mauvaises herbes, un seul labour donné ensuite au moment de la semaille est suffisant pour le préparer à la recevoir.

Quel est le moyen le plus économique pour détruire le chiendent?

Le moyen le plus économique pour débarrasser la terre du chiendent, est de donner des labours réitérés en temps sec et de herser la veille de chaque labour.

Que faut-il pour qu'un labour produise de bons effets?

Le labour ne produit de bons effets qu'autant qu'il est exécuté sur une terre qui se trouve en état de le recevoir. Si une terre est argileuse et qu'on la laboure par un temps humide, elle s'attache au soc et au versoir, les animaux la tassent avec les pieds et elle se divise en mottes difficiles à briser. Le but est manqué. Il est donc très-important de bien choisir le moment favorable : c'est lorsque la terre n'est ni trop humide, ni trop sèche, lorsqu'elle se laisse facilement entamer par les instruments et qu'elle se pulvérise bien quand on la retourne.

8. — Défrichement, Défoncement, Écobuage.

Qu'est-ce que défricher?

Défricher, c'est mettre en valeur un terrain inculte, en *friche*.

Qu'est-ce que défoncer?

Défoncer, c'est retourner le sol à la bêche à une profondeur de 40 ou 50 centimètres : pour cela, on ouvre un fossé large de 40 centimètres. La terre en provenant est placée en face de l'ouvrier pour être transportée dans le dernier fossé; un second fossé de la même largeur est ensuite ouvert, et la terre en provenant sert à combler le premier en plaçant le gazon au fond; et l'on continue ainsi jusqu'à la fin du défoncement.

Peut-on se servir de la charrue pour défoncer?

On peut encore se servir de la charrue pour défoncer un terrain inculte; mais alors il faut donner un labour très-profond, et il est nécessaire d'employer plusieurs chevaux ou plusieurs paires de bœufs pour traîner la charrue. Des ouvriers creusent encore le sillon avec la bêche et jettent la terre par-dessus celle qui a été retournée par la charrue. Ce mode est plus expéditif, mais moins efficace que le premier.

Que fait-on si la surface du terrain est couverte de bruyères?

Si la surface du terrain que l'on veut défricher est couverte de bruyères, d'ajoncs, de genêts, on a recours à *l'écobuage*.

En quoi consiste l'écobuage?

L'*écobuage* consiste à écroûter la surface du sol au moyen de l'*écobue*, espèce de grande houe, en tranches de 30 à 40 centimètres de longueur, autant de largeur, et de 2 centimètres d'épaisseur. On les laisse quelque temps pour les faire sécher; on les retourne plusieurs fois, et, lorsqu'elles sont sèches, on les dispose en petits tas arrangés avec soin, en forme de fourneaux, en ménageant au centre un vide dans lequel on met un peu de bruyère sèche ou de genêt. On y met le feu et on les laisse brûler lentement. Lorsque le feu est éteint, on répand la cendre à la surface, on l'enterre de suite par un labour, et l'on y sème la plante qu'on destine au terrain, laquelle est ordinairement une céréale.

Quels sont les avantages et les inconvénients de l'écobuage?

L'écobuage a l'avantage de détruire jusqu'à leur germe les plantes qui sont en possession du sol et les larves des insectes; mais il a l'inconvénient d'épuiser promptement la terre, parce qu'on ne lui rend pas les engrais nécessaires, et qu'on en abuse en en retirant consécutivement plusieurs récoltes épuisantes.

40me LEÇON.

Du Drainage.

De quoi dépend la fertilité du sol?

La fertilité du sol ne dépend pas seulement de sa nature combinée avec l'engrais, elle dépend surtout de la manière dont l'eau de la pluie s'y infiltre. En raison de la composition variable des terrains, cette eau ne s'y distribue presque jamais régulièrement. Dans ceux dont le sous-sol est sablonneux, elle arrive rapidement à une trop grande profondeur; dans ceux dont le sous-sol est argileux, elle s'accumule trop à la surface : elle nuit à la culture.

Qu'est-il besoin de faire alors?

Il est nécessaire *d'assainir* le sol, ce que l'on obtient par le *drainage*.

Qu'est-ce que le drainage?

Le *drainage* est une canalisation souterraine pratiquée dans le sous-sol et destinée à enlever à la couche arable l'excès d'humidité ou d'eau stagnante préjudiciable à la végétation.

Y a-t-il longtemps qu'on a reconnu les avantages du dessèchement des terrains?

De tout temps on a reconnu les avantages du dessèchement des terrains par des rigoles souterraines dont on comble le fond de pierres ou d'autres corps qui permettent à l'eau de couler.

Comment a-t-on simplifié cette méthode?

De nos jours, l'emploi des *drains* a simplifié cette méthode, et, en diminuant les frais de main-d'œuvre, il a permis d'assainir une plus grande surface.

De quoi se sert-on pour drainer?

Pour *drainer* on se sert de tuyaux de drainage, qui sont des tuyaux demi-cylindriques de terre argileuse, supportés par une semelle plate, destinés à absorber l'eau surabondante par les pores, et à la conduire dans un canal *de dessèchement* appelé *collecteur*,

Comment fait-on ces tuyaux?

La fabrication de ces tuyaux exige des soins attentifs et minutieux ; mais les machines ont encore considérablement simplifié ce travail important.

Comment reconnaît-on les bons tuyaux?

Ils doivent être sonores, bien droits, à extrémités nettes et sans bavures.

Quelle est la première chose à faire avant de drainer?

La première chose à faire avant de drainer un terrain, c'est de faire le lever du plan et d'en effectuer le nivellement pour fixer la direction de l'évacuation des eaux, et pour se rendre compte des dépenses de l'entreprise.

Que fait-on ensuite?

On procède ensuite à la section des tranchées dont la largeur doit diminuer à mesure qu'on descend, de sorte qu'au fond elle est à peine supérieure au diamètre des tuyaux, qui varie de 0m025 jusqu'à 0m08.

Par où commence-t-on l'ouverture de la tranchée?

L'ouverture de la tranchée a toujours lieu à son extrémité inférieure, afin qu'elle ne soit pas gênée par les eaux provenant du sol ou de la pluie.

Comment place-t-on les tuyaux?

Quand la tranchée est ouverte, on place les tuyaux bout à bout, en commençant par l'extrémité supérieure, de manière à ce que les ouvertures coïncident parfaitement. On pousse quelquefois la précaution jusqu'à entourer le joint d'un manchon en terre cuite ou bien à employer des tuyaux qui s'emboîtent. Mais ce soin dispendieux n'est pas nécessaire : un demi-manchon, une pierre plate, un fragment de tuyau cassé, une pelote d'argile, placés sur le joint, suffisent pour empêcher l'introduction de la terre. On entoure ces corps d'une certaine quantité de terre argileuse détachée du bas des parois de la tranchée, que l'on achève de combler avec la terre qui en a été extraite et qui doit être bien tassée.

Par où l'eau doit-elle arriver dans les tuyaux?

Il importe beaucoup que l'eau n'arrive dans les drains que par les côtés et par les fissures; si elle venait d'en haut, elle serait souvent chargée de terre, et l'on risquerait de voir les tuyaux s'engorger.

Que fait-on pour empêcher que les tuyaux soient obstrués?

Les crapauds, les grenouilles, les rats, etc., pourraient entrer dans les tuyaux, y périr et obstruer le passage; pour les empêcher d'y pénétrer, on place entre le dernier et l'avant-dernier drain un petit grillage.

Comment sont disposés les drains?

Les drains sont disposés par séries de lignes parallèles également espacées, dont la direction approche autant que possible de la pente du terrain, et qui versent leurs eaux dans des collecteurs ou lignes de reprises. Ils doivent déboucher dans ceux-ci sous des angles aigus et non droits, afin que la vitesse des petits courants ne soit pas diminuée par leur jonction.

Quels doivent être l'espacement et la profondeur des drains?

On ne peut pas indiquer d'une manière absolue la profondeur et l'espacement des drains : la profondeur doit augmenter avec le degré d'humidité, et lorsqu'il y a beaucoup de sources, elle peut aller jusqu'à $1^{m}50$; s'il y a peu de sources, la profondeur d'un mètre suffit. L'espacement des drains peut être de 10 mètres.

Quelle doit être l'inclinaison des drains?

L'inclinaison dépend de la quantité d'eau renfermée

dans le sol ; elle ne doit jamais être inférieure à deux millimètres par mètre et peut aller jusqu'à sept millimètres par mètre.

Quelle est la condition essentielle du drainage?

Une condition essentielle sans laquelle le drainage serait une dépense stérile, c'est de bien déterminer le point d'écoulement de la tranchée principale, qui doit avoir une issue franche et nette.

Que coûte le drainage d'un hectare de terrain?

D'après les expériences qui ont été faites, le prix de revient de l'assainissement d'un hectare de terre ou de prairie par le drainage est de 200 à 250 francs; s'il y a des difficultés de terrain, il peut s'élever jusqu'à mille francs. Mais les avantages qu'on se procure compensent largement les avances qu'on a été obligé de faire.

Quels sont les effets du drainage?

Les terres drainées sont plus faciles à cultiver qu'elles ne l'étaient auparavant; on peut les labourer et les ensemencer plus tôt au printemps et plus tard à l'automne; elles sont moins humides pendant l'hiver et moins sèches pendant l'été; les eaux de pluie se répandent, par la filtration, plus uniformément à la surface; la maturité des plantes est avancée par le drainage, qui a quelquefois pour résultat de rendre à la culture des terrains entièrement improductifs, et d'augmenter d'un quart, d'un tiers et même de la moitié, les produits des terrains cultivés; enfin, les eaux charriées par les tuyaux souterrains servent très-avantageusement à l'irrigation des prairies inférieures.

CHAPITRE VII.

Des Instruments et des Outils aratoires.

Avec quoi exécute-t-on les divers travaux de la terre?

Les travaux de la terre s'exécutent au moyen des *instruments* et des *outils aratoires.*

Qu'appelle-t-on instruments?

Les *instruments* sont des machines composées de plusieurs pièces : par exemple, la charrue, la herse, etc.

Qu'appelle-t-on outils?

Les *outils* ne sont en quelque sorte que le supplément de la main qui les manie, par exemple, la houe, la bêche, etc.

Quels sont les principaux instruments?

Les principaux instruments sont : la *charrue*, la *herse*, *l'extirpateur*, le *scarificateur*, la *rite*, la *houe à cheval*, le *buttoir*, le *rouleau*, le *semoir*, le *hache-paille*, le *coupe-racines*, le *tarare*, etc.

Quels sont les principaux outils?

Les principaux outils sont : la *faux*, la *faux-moissonneuse*, la *sape*, le *volant*, la *faucille*, la *bêche*, le *hoyau* la *houe*, etc.

Nous ne parlerons pas des charrettes, tombereaux et autres objets de transport, qui sont connus de tout le monde.

41me LEÇON.

De la Charrue.

Qu'est-ce que la charrue?

La *charrue* est un instrument destiné à séparer la

terre, à la renverser de telle sorte que la partie inférieure soit ramenée à la surface. C'est l'instrument le plus utile au cultivateur; sans une bonne charrue, il est impossible de donner à la terre les labours qui favorisent les bonnes récoltes.

Quelle est la charrue dont on se sert le plus souvent?

C'est la *charrue romaine* à soc mobile en fer et à versoir en bois, charrue très-imparfaite, qui fait de fort mauvais labours, ce qui est la principale cause de l'infériorité des rendements des récoltes. La charrue en fer est préférable.

Quels sont les avantages que présente la charrue en fer?

Elle est plus solide et cependant moins matérielle; elle pénètre plus avant dans la terre et cause moins de fatigue aux animaux.

De quoi se compose-t-elle?

Elle se compose de l'*age*, du *coutre*, du *sep*, du *soc*, du *versoir*, des *mancherons* et du *régulateur* (*Voir fig. 1, page suivante*).

Qu'est-ce que l'age?

L'*age* ou *flèche* (*D*) est une pièce de bois qui reçoit et communique le mouvement à l'instrument en entier. C'est à l'age que s'attachent les traits de l'attelage qui doit tirer la charrue. Il est assujetti sur le devant par la partie antérieure du versoir qu'on nomme la *gorge*, et sur le derrière par le mancheron gauche; quelquefois aussi il repose sur deux *étançons*.

Qu'est-ce que le coutre?

Le *coutre* (*C*) est une espèce de couteau attaché à

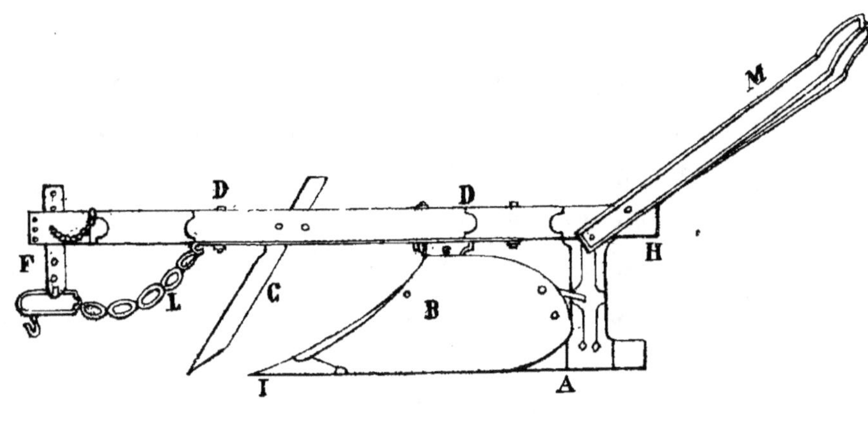
M
D
D
F
H
C
L
B
I
A

l'age, destiné à couper perpendiculairement la tranche de terre qui doit être retournée par le versoir. Il passe dans une mortaise pratiquée à l'age et y est maintenu au moyen d'un écrou. Il doit avoir son fil dans la direction de l'instrument, et, dans la plupart des cas, il doit être enfoncé de manière à trancher la terre à moitié de profondeur du labour. Dans les terrains pierreux, il doit être enlevé, parce qu'il augmenterait à chaque instant la résistance et risquerait même d'être brisé.

Qu'est-ce que le sep?

Le *sep* (*A*) est une pièce de fer parallèle à l'age, sur laquelle se fixent les autres parties de l'instrument. Il glisse sous terre et essuie un frottement considérable.

Qu'est-ce que le soc?

Le *soc* (*I*) est cette partie du corps de la charrue qui détache horizontalement la tranche de terre. Il est en acier et se compose de deux parties : l'une qui sépare la tranche de terre, c'est l'*aile;* l'autre, qui unit le soc au corps de la charrue, s'appelle la *souche* ou l'*ensochure*.

Qu'est-ce que le versoir?

Le *versoir* ou *oreille* (*B*) est la partie la plus importante de la charrue : il consiste dans une bande de fer appliquée en bas sur le soc, en haut sur l'age; sa forme est recourbée afin qu'il puisse renverser, en la faisant tourner sur elle-même, la bande de terre coupée verticalement par le coutre et horizontalement par le soc. C'est sur le versoir qu'est accumulée toute la résistance qu'éprouve la charrue dans son action.

Qu'est-ce que les mancherons?

Les *manches* ou *mancherons* (*M*) sont deux pièces de bois placées à l'arrière de la charrue, l'une à droite, l'autre à gauche, et qui sont destinées à maintenir la charrue dans une bonne position. Le manche de droite n'est pas absolument indispensable; aussi beaucoup de charrues n'ont que celui de gauche.

Qu'est-ce que le régulateur?

Le *régulateur* (*F*) est une pièce de fer en forme d'équerre, plantée à la partie antérieure de l'age et destinée à régler l'entrure de la charrue. La branche percée de trous est disposée verticalement dans une mortaise et y est arrêtée, à la hauteur exigée, par un boulon qui traverse l'age. L'autre branche, qui porte des dents, est placée horizontalement au-dessous de l'age. La chaîne du régulateur présente une maille allongée qu'on engage dans une des dentures de la branche horizontale, le crochet d'attelage étant placé en avant. La partie postérieure de la chaîne se fixe, en arrière du régulateur, au crochet placé sous l'age.

Comment augmente-t-on ou diminue-t-on l'entrure de la charrue?

Pour augmenter l'entrure de la charrue, on élève le régulateur; pour la diminuer on l'abaisse. Pour augmenter la largeur de la bande de terre, on avance vers la droite la maille allongée de la chaîne, en l'engageant dans une autre dent de la branche horizontale du régulateur; pour la diminuer, on avance la maille vers la gauche.

Quel est le régulateur dont nous venons de parler?

Ce régulateur est celui de la charrue simple de Dombasle, l'une des plus propres à tous les terrains. Dans quelques autres, trois trous placés à la partie antérieure de l'age servent à diminuer ou à augmenter la tranche de terre, en faisant tourner à droite ou à gauche la roue dentée qui reçoit les traits.

Quelle différence y a-t-il entre les charrues à avant-train *et les charrues ordinaires?*

Les *charrues à avant-train* ne diffèrent de celle que nous venons de décrire que parce que l'age porte un avant-train dont les roues sont en fer et les formes très-variées.

Quelle est la plus avantageuse?

La charrue sans avant-train est plus difficile à diriger que la charrue à avant-train, mais elle a le précieux avantage d'exiger moins de réparations, de coûter moins cher, de permettre de tracer des sillons plus droits, et de n'exiger ordinairement qu'un homme et un attelage pour faire un travail tout aussi bon que celui qui est fait avec la dernière.

2. — Manière de conduire la Charrue.

Quels bestiaux faut-il pour tirer la charrue?

Pour tirer la charrue, deux bœufs ou deux chevaux suffisent; cependant, dans les terres les plus argileuses, il faut deux attelages, et un guide placé devant est nécessaire pour les diriger.

Comment le laboureur conduit-il la charrue?

En conduisant la charrue, le laboureur doit marcher dans la raie, le corps droit et non penché en avant; il aligne son labour en fixant les yeux entre la tête des bestiaux sur un objet éloigné, comme un arbre, une branche, etc., qui lui sert de jalon. Il saisit les mancherons par-dessous, en plaçant par-dessus le pouce et l'extrémité des doigts, et le poignet de côté et non en dessus. Si l'on veut faire enfoncer la charrue, on soulève les mancherons; si elle enfonce trop, on presse sur les mancherons pour la faire sortir. Lorsqu'on veut prendre plus de largeur, on incline légèrement la charrue à droite; si on veut la diminuer, on l'incline un peu à gauche.

Comment s'assure-t-on que la charrue a été bien réglée?

Pour s'assurer que la charrue a été bien réglée, on doit la laisser marcher quelques instants sans toucher les mancherons; si elle enfonce trop profondément ou si elle tend à sortir, on l'ajuste au moyen du régulateur. Si le laboureur est obligé de faire des efforts pour lui faire prendre la tranche de terre convenable, il doit s'arrêter immédiatement pour corriger l'entrure.

Comment corrige-t-on la marche de la charrue au moyen des traits des bestiaux?

Lorsque le régulateur aura été éleve autant que possible, si la charrue ne marche pas bien, il faut allonger ou raccourcir les traits des bestiaux et leur donner une longueur convenable. Si la charrue ne prend pas assez d'entrure, les traits sont trop courts, il faut les allonger. Le contraire a lieu si la charrue s'enfonce trop.

Quelle doit être la longueur des traits?

On ne peut pas déterminer la longueur des traits, qui dépend de la taille des animaux. Lorsqu'on travaille avec des bœufs au joug, on se sert d'une *lancette*, pièce de bois coupée à 60 ou 80 centimètres en arrière du joug, qu'elle traverse, et qui porte la chaîne qui va se fixer sur le crochet du régulateur. Cette lancette est percée à la partie antérieure de plusieurs trous qui servent à la fixer sur le joug au moyen d'une cheville que l'on avance ou recule pour allonger ou raccourcir le tirage.

Comment tourne-t-on au bout du sillon?

Pour tourner au bout du sillon, on renverse la charrue à droite en la faisant traîner sur l'extrémité postérieure du versoir, et en la dirigeant au moyen du mancheron gauche; au moment de rentrer en raie, le laboureur redresse la charrue, et, saisissant les deux mancherons, il les tire fortement à lui en portant la charrue dans la direction de la nouvelle raie qu'il veut tracer. Ce mouvement est le seul qui exige l'emploi d'un peu de force, car pour conduire la charrue il faut plutôt l'adresse que donne une longue pratique que des efforts considérables.

Qu'est-ce que labourer en crémaillère?

Labourer en *crémaillère*, c'est tracer des sillons de manière que le soc prend tantôt trop de terre et tantôt pas assez, ce qui arrive lorsque la charrue marche habituellement inclinée vers la gauche. Cette manière de labourer est très-défectueuse; il suffit pour l'éviter de bien ajuster son régulateur avant de commencer.

Qu'est-ce que la charrue à double versoir?

La charrue à *double versoir* ne diffère de la précédente qu'en ce qu'elle possède deux versoirs opposés.

Quelles sont les charrues les plus renommées?

Les charrues les plus renommées sont : *la charrue Dombasle, à soc américain, la charrue Grignon*, et *la charrue Brabançonne*, qui sont construites à peu près comme celle que nous venons de décrire.

42me LEÇON.

De la Herse.

Qu'est-ce que la herse?

La *herse* est un instrument composé d'une espèce de châssis armé à la partie inférieure de dents en fer ou en bois, qui servent à diviser la terre. La herse qui a les dents en fer se nomme la *herse pesante;* celle qui a les dents en bois s'appelle la *herse légère*. La première convient aux terres fortes, la seconde aux terres légères.

Quelles sont les herses préférées?

Les herses qu'on préfère généralement sont celles dites *Valcourt*, à losange, ayant 1^{m} 30 de longueur et 1^{m} de largeur. La herse *triangulaire* est plus facile à construire, mais son action est moins efficace.

Comment sont-elles construites?

Elles sont construites de manière à ce que chaque dent trace une raie particulière, et que ces dents soient à une distance assez grande pour que la terre ne s'y amoncelle pas.

Quelle est la forme des dents de herse?

Les dents de herse ont la forme quadrangulaire ou triangulaire, ou celle de coutres de charrue; ces dernières ont l'avantage de permettre de faire des hersages profonds ou légers, selon qu'on attache les traits de manière que les dents, lorsque l'instrument marche, aient le tranchant en avant ou dans le sens contraire.

A quoi sert la herse?

Elle sert à émotter la terre, à détruire les mauvaises herbes et à enterrer la semence; elle est destinée à remplacer avantageusement le hoyau, si fréquemment employé dans la culture des terres; en un mot, le travail de la herse est le complément de celui de la charrue.

Comment attelle-t-on les bestiaux à la herse?

On attelle les bestiaux, non au milieu de la chaîne qui réunit les deux crochets, mais vers la droite, afin que l'instrument marche de manière à combattre les mauvais effets des balancements que lui impriment les mottes ou l'inclinaison du terrain.

Comment herse-t-on un champ?

Pour herser un champ, on peut ou diriger la herse dans le sens de la longueur en faisant le second tracé parallèle au premier, ou commencer par un bout et tourner continuellement parallèlement aux côtés du champ jusqu'à ce qu'on arrive au milieu où il ne reste à la fin que l'espace couvert par la herse; on fait sortir l'instrument par un bout en passant sur le travail déjà fait.

Quelle est la condition essentielle pour faire un bon hersage ?

La condition essentielle pour faire un bon hersage est de le faire par un temps favorable. Si la terre est trop humide, elle se divise en mottes compactes; si elle est trop sèche, l'instrument glisse à la surface; sa marche est très-irrégulière, et son action nulle. Le moment le plus favorable est celui où la terre a cessé d'être humide et n'est pas encore durcie par la sécheresse.

43me LEÇON.

De l'Extirpateur, du Scarificateur et de la Rite.

Qu'est-ce que l'extirpateur ?

L'extirpateur est un instrument qui présente cinq, sept ou neuf socs ou pieds disposés sur deux rangs, qui servent à remuer la terre, de manière qu'aucune partie n'échappe à leur action. C'est l'un des instruments les plus énergiques qu'on puisse employer pour ameublir le sol et le débarrasser des mauvaises herbes.

Dans quel cas l'extirpateur est-il préférable à la herse?

L'extirpateur est préférable à la herse, surtout lorsqu'il s'agit de recouvrir des semences qui demandent à être fortement couvertes de terre.

Quel instrument remplace-t-il pour les travaux de la jachère?

Il remplace aussi parfaitement la charrue pour les labours de printemps lorsque le sol a été labouré à l'automne et qu'il est suffisamment ameubli. Quinze jours avant la semaille, on passe l'extirpateur, et lorsqu'on a semé, on enterre la semence avec le même instrument.

Dans quel cas l'emploie-t-on pour les travaux d'automne?

Pour le travail d'automne, on a encore de l'avantage à se servir de l'extirpateur lorsqu'on a donné le premier labour à la charrue à la profondeur convenable ; alors cet instrument fait autant que quatre charrues, et les récoltes qui sont ainsi semées sont plus assurées et plus productives que celles qui sont cultivées par le moyen de la herse et de la charrue.

Qu'est-ce que le scarificateur?

Le *scarificateur* ne diffère de l'extirpateur qu'en ce que les socs sont remplacés par des coutres en forme de dents de herse renforcées et recourbees.

A quoi sert-il?

Il sert à ameublir le sol à 10 ou 12 centimètres ; les pieds pénètrent dans la terre et l'ameublissent sans la retourner. Il convient surtout aux terres durcies par la sécheresse.

Qu'est-ce que la rite?

La *rite* est un instrument qui consiste en une lame de fer placée horizontalement et formant une continuation du tranchant du soc ; ce n'est autre chose qu'une charrue ordinaire sans versoir. Elle s'emploie après la semaille, à la place de l'extirpateur, sur les terrains humides ; elle pénètre à 6 ou 8 centimètres entre deux terres et coupe les racines des mauvaises herbes.

44me LEÇON.

De la Houe à cheval et du Buttoir.

Qu'est-ce que la houe à cheval?

La *houe à cheval* est un instrument qui consiste en un age, portant à l'une de ses extrémités un cadre où sont attachés un soc et des coutres au nombre de 4, puis les mancherons qui servent à la diriger. Les ailes qui portent les coutres peuvent s'éloigner à volonté, selon que l'exige l'espace qui existe entre les rangées des plantes.

A quoi est-elle destinée?

On l'emploie aux menues cultures qu'on donne aux pommes de terre, aux betteraves, au maïs, etc. Ces binages étant longs et dispendieux, la houe à cheval offre le moyen d'abréger le travail.

Qu'est-ce que le buttoir?

Le *buttoir*, destine à butter les plantes sarclées, est une charrue à laquelle on adapte deux versoirs susceptibles de s'écarter selon le besoin. On reconnait qu'il fonctionne bien lorsque la terre relevée des deux côtés ne forme qu'une arête au milieu.

En combien de fois s'opère le buttage?

Le buttage peut s'opérer en deux fois, et alors on met un intervalle de huit à dix jours entre le premier et le second, et, dans le dernier, on rapproche davantage les versoirs pour pénétrer plus avant dans la terre.

45me LEÇON.

Du Rouleau.

Qu'est-ce que le rouleau ?

Le *rouleau* est un instrument formé d'une pièce de bois cylindrique soutenue par deux axes de fer dans des brancards auxquels on attelle les bestiaux qui doivent le traîner.

A quoi sert-il ?

Cet instrument sert à briser les mottes que la herse a laissées, à ameublir le sol, et à le raffermir dans les terrains légers. Il est encore très-utile pour enterrer les semences fines ; son action dans ce cas est d'autant plus avantageuse, que, pressant la terre autour de la graine, il favorise et hâte sa germination. Lorsque les blés ont été déchaussés pendant l'hiver, rien n'est plus propre à les remettre en bon état qu'un roulage donné à propos.

A quel moment peut-on rouler les terres ?

Il est très-essentiel de bien choisir le moment convenable pour rouler la terre ; si elle est trop humide, elle s'attache au rouleau et on fait plus de mal que de bien ; il faut qu'elle conserve assez d'humidité pour se briser sans s'attacher à l'instrument.

Quelles sont les dimensions des rouleaux les plus communs ?

Les rouleaux les plus communs ont 48 centimètres de diamètre et un mètre de longueur.

Quel est le rouleau qu'on emploie depuis quelque temps ?

On emploie depuis quelque temps un rouleau en fonte, fort pesant, qui brise très-bien les mottes de terre : c'est le *rouleau squelette*, creux et à jour sur toute sa surface, et formé de côtes circulaires et tranchantes qui agissent en coupant et écrasant les mottes de terre.

46me LEÇON.

Du Semoir, de la Faux-Moissonneuse, et de la Sape.

Qu'est-ce que le semoir ou drille ?

Le *semoir* ou *drille* est un instrument destiné à remplacer la main de l'homme dans le travail de la semaille. Il économise la semence, mais il exige plus de temps, et son prix élevé arrête son introduction dans la petite culture.

Qu'est-ce que la faux-moissonneuse ?

La *faux-moissonneuse*, ou faux à *râteau*, diffère de la faux ordinaire par l'addition, à l'extrémité du manche où est fixée la lame, de plusieurs traverses et baguettes qui forment un râteau à longues dents.

Qu'est-ce que la sape ?

La *sape* est une espèce de faux plus grande que le volant, mais plus petite que la faux ordinaire, qui expédie promptement le travail et convient mieux que tout autre instrument pour couper les céréales versées.

47me LEÇON.

Du Tarare, du Hache-paille, du Coupe-racines et du Rigoleur.

Qu'est-ce que le tarare ?

Le *tarare* ou *grand-van* est un instrument qui sert à *vanner* le grain, c'est-à-dire à le séparer des menues pailles et autres corps étrangers. Il abrége beaucoup ce travail et permet de le faire en tout temps.

De quoi se compose-t-il?

Il se compose d'un *bâtis* surmonté d'une *trémie* de laquelle le grain coule dans l'*auget*, dont le fond est formé d'une *passoire* en fil de fer. Le vent est produit par un mécanisme intérieur mu par une *manivelle* qu'un enfant peut tourner facilement. Sur la passoire, le grain se sépare en deux parties par l'effet de la ventilation. La première, composée du bon grain et de tous les corps pesants, tombe sur la passoire, où elle est reçue par un plan incliné qui porte le crible ; la seconde, composée des corps légers, est repoussée par le vent et rejetée en avant du bon grain.

Qu'est-ce que le hache-paille?

Le *hache-paille* est un instrument qui sert à couper la paille qu'on veut mêler à la nourriture des bestiaux.

De quoi se compose-t-il?

Il se compose d'une *auge* dans laquelle on place la paille, que l'ouvrier fait avancer au moyen d'un petit râteau, sous le tranchant d'un *long couteau* ressemblant à une lame de faux dont l'extrémité supérieure se termine en une poignée qu'il tient de la main droite, et dont l'autre est fixée à une *bielle* qui permet au couteau de suivre un mouvement parallèle à son tranchant en même temps qu'il est abaissé pour couper la paille?

Qu'est-ce que le coupe-racines?

Le *coupe-racines* est un instrument qui sert à couper les racines fraiches qu'on donne aux bestiaux, telles que les carottes, les betteraves, les navets, etc.

De quoi se compose-t-il?

Il se compose d'un *disque* en bois, placé verticalement et garni de deux ou quatre *couteaux* qui détachent des tranches des racines placées dans une *trémie* disposée contre la surface du disque. Cet instrument est très-expéditif; mais avant de s'en servir, il faut que les racines soient lavées; sans cela on s'exposerait à en détériorer les lames.

Qu'est-ce que le rigoleur?

Le *rigoleur* ou *tranche-gazon* est un disque de fer, à bord acéré et tranchant, roulant sur un *axe* ou *essieu* fixé au bout d'un manche et servant à couper et rafraichir le bord des gazons pour le tracé des rigoles.

Nota. Il nous a semblé inutile de parler davantage de la bêche, de la houe, du râteau, de la faux, de la faucille, du volant, etc., dont tout le monde connaît la forme et les usages.

CHAPITRE VIII.

Arboriculture.

48me LEÇON.

Culture des Arbres.

Quels sont les principaux arbres fruitiers cultivés en France?

Les principaux arbres fruitiers cultivés en France sont : le *noyer*, le *châtaignier*, le *mûrier*, l'*olivier*, le *pommier*, le *poirier*, le *prunier*, l'*abricotier*, le *cerisier*, le *figuier*, le *pêcher*, le *néflier*, l'*amandier*, etc.

De quoi se compose un arbre?

Un arbre se compose de la *racine* et de la *tige*.

Quelles sont les parties qui forment la racine?

Les parties qui forment la racine sont : le *corps* ou *pivot*, qui s'enfonce perpendiculairement dans la terre; les *radicelles* ou *chevelus*, petits filets assez minces prenant naissance sur les ramifications du pivot; et le *collet*, d'où part la racine et d'où la tige s'élève.

Quelles sont les parties qui forment la tige?

La *tige* se compose :

1° De l'*écorce*, qui comprend : l'*épiderme* ou la partie la plus extérieure de l'arbre; l'*enveloppe herbacée*, qui a ordinairement une couleur verdâtre; les *couches corticales* et le *liber*, partie intérieure qui se trouve accolée contre l'*aubier*;

2° Du *bois*, qui comprend l'*aubier*, ou la partie ligneuse située entre l'écorce et le corps de l'arbre ; et le *bois proprement dit*, qui n'est autre chose que l'aubier qui a pris de la consistance ;

3° Du *canal médullaire*, qui occupe le centre de la tige et contient la *moelle*.

Comment multiplie-t-on les arbres?

On multiplie les arbres par les semis de la graine et par la greffe.

Comment s'appelle le terrain sur lequel on a fait un semis de graine d'arbre?

Une *pépinière*. Les sujets qu'on obtient par ce mode de semis se nomment *francs* ou *égrains* ou *sauvageons*.

Quels soins donne-t-on aux pépinières?

Les pépinières doivent être sarclées ou binées toutes les fois que les mauvaises herbes paraissent ; mais il faut avoir soin de ne pas endommager les racines.

Comment les préserve-t-on des ravages des bestiaux?

Pour préserver les semis d'arbres des ravages des bestiaux, on les entoure d'un fossé ou d'une haie.

A quelle époque transplante-t-on les arbres?

L'automne est le meilleur moment pour la transplantation des arbres ; elle commence vers le milieu d'octobre et peut se continuer jusqu'au commencement de novembre. La plantation au printemps n'est préférable que pour les terrains humides.

Que faut-il faire avant de transplanter les arbres?

Il faut, après les avoir arrachés dans la pépinière,

les *habiller*, ce qui veut dire couper toutes les racines qui ont été meurtries ou éclatées dans l'arrachage.

Comment plante-t-on les arbres?

On les plante dans des trous de 1 à 2 mètres de côté et 0,80[c] de profondeur, et qui ont été faits deux ou trois mois à l'avance, et plus tôt s'il a été possible.

A quelle distance les met-on?

La distance à laquelle on les met varie, suivant leur espèce, entre deux et vingt mètres.

49me LEÇON.

De la Greffe.

Qu'est-ce que la greffe?

La *greffe* ou *ente* est une opération qui consiste à détacher un petit rameau d'un végétal pour l'implanter sur un autre, afin qu'il y croisse et fasse produire à ce dernier des fruits de l'espèce du premier.

On appelle aussi *greffe* ou *scion* le petit rameau détaché.

Qu'appelle-t-on sujet?

On appelle *sujet* le végétal sur lequel on veut appliquer la greffe : c'est un jeune arbre venu de graine.

Que faut-il pour que la greffe réussisse?

Pour que la greffe réussisse, il faut que le sujet ait de l'*analogie* avec la greffe, c'est-à-dire qu'il soit de la même espèce ou d'une espèce à peu près semblable par la production de la graine.

De quels instruments se sert-on pour greffer?

On se sert pour greffer : de la *serpette*, du *greffoir*, de l'*égohine* et du *maillet*.

Qu'est-ce que la serpette?

La *serpette* est un couteau à lame et à manche recourbés qui sert à couper la tête du sujet lorsqu'il n'est pas trop fort, et à *parer* ou *rafraîchir* la plaie lorsqu'elle a été faite avec l'égohine.

Qu'est-ce que le greffoir?

Le *greffoir* est un petit couteau portant d'un côté une lame d'acier, de l'autre une petite *spatule* en bois dur ou en os.

Qu'est-ce que l'égohine?

L'*égohine* est une petite scie à main pour couper les tiges ou les branches qu'on ne peut couper avec la serpette.

Qu'est-ce que le maillet?

Le *maillet* est un petit marteau en bois qui sert à frapper sur le dos de la lame de la serpette pour fendre les sujets.

De quoi se sert-on pour recouvrir les plaies qu'on a faites en greffant?

Pour recouvrir les plaies qu'on a faites en greffant, et pour éviter le dessèchement par la chaleur, on se sert d'*onguent de Saint-Fiacre* ou de *cire à greffer*.

Qu'est-ce que l'onguent de Saint-Fiacre?

L'*onguent de Saint-Fiacre* est un mélange de deux tiers de terre glaise ou de terre argileuse avec un tiers de bouse de vache.

Qu'est-ce que la cire à greffer?

La *cire à greffer* est composée de cire jaune, de térébenthine grasse, de poix de Bourgogne blanche et noire, et de suif, ou seulement de goudron fondu avec un peu de suif. Cette cire sert à entourer la plaie, et le goudron est appliqué avec un pinceau.

Comment emploie-t-on l'onguent de Saint-Fiacre?

Lorqu'on se sert d'onguent de Saint-Fiacre, on recouvre la plaie de cette matière qu'on entoure d'un peu de linge et qu'on ligature avec un fil élastique ou avec un jonc. C'est ce qu'on appelle une *poupée.*

Quels sont les effets de l'onguent de Saint-Fiacre et de la cire à greffer?

Ces matières s'adaptent intimement au bois, interceptent l'action de l'air et préservent le sujet du hâle et du dessèchement.

Par quel temps doit-on greffer?

La greffe ne doit se faire que par un temps sec et doux.

Que faut-il faire lorsqu'on a greffé?

Il est indispensable, lorsqu'on a greffé, d'enlever avec la serpette tous les bourgeons qui sont au-dessous de la greffe, afin qu'ils n'arrêtent pas la sève qui doit se porter sur la partie entée.

50me LEÇON.

Différentes sortes de greffes.

Combien y a-t-il de sortes de greffes?

Il y a quatre sortes de greffes : la *greffe en fente*, la

greffe en couronne, la *greffe en écusson*, et la *greffe en flûte* ou *au chalumeau*.

1. — De la greffe en fente.

Qu'est-ce que la greffe en fente?

La *greffe en fente* consiste à couper horizontalement la tige du sujet à une certaine hauteur, à pratiquer sur ce sujet une fente verticale de 2 à 3 centimètres et à y introduire un scion.

Quelle précaution faut-il prendre en faisant la fente?

En faisant la fente, on doit avoir soin de ne pas déchirer l'écorce et la moelle du sujet.

Comment doit-on tailler le scion?

Le scion doit être taillé en *biseau* ou en forme de lame de couteau, de manière que le côté qui doit être en dehors soit plus épais que celui qui doit être en dedans. La partie la plus mince ne porte pas d'écorce.

Comment choisit-on les scions?

Les scions sont choisis sur des rameaux de l'année précédente ou de la dernière pousse; les yeux du milieu du rameau étant mieux formés que ceux du haut et du bas, c'est donc du milieu des rameaux qu'on coupe les scions à l'avance pour les planter en terre dans un lieu humide afin de retarder la sève. Ils ont une longueur de 20 à 25 millimètres et sont garnis de deux ou trois yeux, dont un, celui du bas, est placé au dos de l'arbuste.

Comment place-t-on le scion?

Pour placer le scion, on tient la fente ouverte au

moyen d'un petit coin; on introduit le scion dans cette fente avec précaution en faisant coïncider parfaitement le liber de la greffe avec l'aubier du sujet; on retire alors le petit coin en ayant soin de ne pas déranger la greffe, et si la pression exercée par le sujet sur le scion n'est pas assez forte, on ligature avec un fil de laine, puis on recouvre la plaie d'onguent de Saint-Fiacre ou de cire à greffer.

A quelle hauteur se pratique la greffe en fente?

La greffe en fente se pratique à toutes les hauteurs, depuis le collet jusqu'à 2 et 3 mètres.

A quelle époque se fait-elle?

Elle se fait au printemps, à l'ascension de la sève.

Que fait-on si le sujet a une certaine grosseur?

Lorsque le sujet a une certaine grosseur, on place deux greffes opposées l'une à l'autre en fendant le sujet par le milieu. C'est alors la *greffe double* ou *greffe à deux scions.*

Quels sont les arbres sur lesquels se pratique la greffe en fente?

Cette greffe se pratique sur le pommier, le poirier, le néflier, le prunier, le cerisier, etc. En général, elle réussit difficilement sur les arbres à fruits à noyaux.

2. — De la greffe en couronne.

Qu'est-ce que la greffe en couronne?

La *greffe en couronne* est celle qui consiste à placer le scion entre le bois et l'écorce, sans fendre le sujet. Elle se fait sur les sujets trop gros pour être fendus, ou sur les vieux arbres qui ne portent pas de bons fruits et dont on veut changer l'espèce.

Comment se fait-elle?

Après avoir coupé le sujet à la hauteur convenable et bien rafraîchi la plaie avec la serpette, on enfonce un petit coin en bois dur, fait exprès pour cet usage, entre le bois et l'écorce, pour détacher celle-ci sans la faire casser. On taille les scions en *bec de flûte* ou en biseau d'un seul côté, de manière à ce qu'il ne reste que très-peu ou point de bois à la partie inférieure; on retire le coin, on met la greffe à sa place, le biseau tourné contre l'aubier du sujet, et on l'enfonce jusqu'à ce que tout le biseau soit caché. On place ainsi plusieurs greffes à la suite l'une de l'autre tout autour de la coupe à 6 ou 8 centimètres. On recouvre la plaie comme dans la greffe en fente.

Que fait-on si le coin fait casser l'écorce?

Si l'effort du coin fait fendre l'écorce du sujet, on la rapproche par une ligature.

A quelle époque se fait cette greffe?

Elle se fait en pleine sève, lorsque l'écorce se détache aisément du sujet.

3. — De la greffe en écusson.

Qu'est-ce que la greffe en écusson?

La *greffe en écusson* consiste à appliquer sur le côté du sujet, entre l'écorce et le bois, en un endroit bien uni de la tige, une petite lame d'écorce garnie d'un œil bien formé, qu'on appelle l'*écusson* à cause de sa ressemblance avec un écusson d'armoiries : c'est la plus simple, la plus facile et la plus usitée de toutes les greffes. Elle se pratique sur toute espèce d'arbres.

A quelle hauteur greffe-t-on les sujets en écusson?

On greffe les jeunes arbres en écusson à 10 centimètres environ du sol, et les hautes tiges à des hauteurs indéterminées.

Combien y a-t-il de sortes de greffes en écusson?

Il y a deux sortes de greffes en écusson : la greffe en écusson à *œil dormant* et la greffe en écusson à *œil poussant*.

Qu'est-ce que la greffe en écusson à œil dormant?

La greffe en *écusson à œil dormant*, qu'on appelle ainsi parce que le bourgeon ne se développe pas jusqu'au printemps, est celle qui se pratique en juillet et en août, à la *sève descendante*.

Que faut-il faire avant d'écussonner?

Quelques jours avant d'écussonner, il est nécessaire d'élaguer les branches superflues, afin que la sève, qui pourrait être troublée ou interrompue par cette opération si on ne la faisait qu'au moment de la greffe, ait le temps de reprendre son cours.

Sur quels rameaux prend-on les écussons pour la greffe à œil dormant?

Les écussons pour cette greffe sont pris sur des rameaux de l'année; on préfère ceux du milieu des rameaux comme les mieux formés.

Comment détache-t-on l'écusson?

Pour détacher l'écusson, on fait sur le rameau une

incision transversale à 5 ou 6 millimètres au-dessus de l'œil qu'on a choisi; on fend l'écorce en biais de chaque côté, de manière à ce que les deux fentes se joignent à 2 centimètres environ au-dessous; on passe la spatule du greffoir sous l'écorce pour la détacher de l'aubier, et on saisit en même temps l'écusson avec le pouce et le médius de la main gauche qui pincent la base du pétiole (1) conservé.

Que doit-on observer en détachant l'écusson?

Lorsqu'on détache l'écusson, on doit bien faire attention de détacher en même temps la partie intérieure de l'œil, ce qu'on appelle le *cœur*, le *germe de l'œil*, car sans ce germe l'opération ne réussirait pas; on doit aussi conserver le pétiole qui sert à protéger le bourgeon avant son développement.

Comment place-t-on l'écusson?

On choisit un endroit bien uni de la tige où l'on fait une incision longitudinale avec le greffoir, lui donnant une longueur convenable; on la coupe transversalement par le haut en forme de T; avec la spatule du greffoir, on lève les deux lèvres de l'écorce des deux côtés, et l'on y glisse, de haut en bas, l'écusson préparé.

On rabat les deux lèvres de l'écorce sur l'écusson en les appuyant fortement avec les deux pouces pour qu'il ne reste d'autre vide entre les parties que la place de l'œil, puis on ligature avec du fil de laine. Quelques jours après, on visite la greffe pour desserrer la ligature si elle forme des étranglements.

(1) Queue de la feuille.

Que fait-on au printemps?

Au printemps suivant, on rabat le sujet à quatre ou cinq centimètres au-dessus de la greffe, en ménageant, autant que possible, quelques feuilles pour attirer la sève, et, lorsque l'écusson part, on achève de supprimer tout ce qui est resté du sujet au-dessus de la greffe.

Comment se fait la greffe à œil poussant?

La greffe à *œil poussant* se fait absolument comme la précédente; elle n'en diffère qu'en ce qu'elle se fait au printemps, de mai à juillet.

Sur quels rameaux prend-on les écussons pour cette greffe?

Pour écussonner à œil poussant, on choisit les écussons sur des rameaux de l'année précédente, et le sujet se rabat comme précédemment.

Ne peut-on greffer en écusson que les tiges des sujets?

On peut encore greffer de cette manière sur les branches vigoureuses; mais généralement on greffe sur la tige, et bien souvent on place deux écussons, l'un à droite et l'autre à gauche.

4. — Greffe en chalumeau ou en flûte.

Qu'est-ce que la greffe en chalumeau ou en flûte?

La greffe en *chalumeau* ou en *flûte* consiste à appliquer sur un sujet en pleine sève un tuyau d'écorce plus ou moins grand, garni au moins d'un œil.

Comment se fait cette greffe?

Cette greffe se fait au printemps, de la manière suivante : Après avoir coupé la tête ou la branche du sujet qu'on veut enter, on fait à l'extrémité de ce qui reste des incisions longitudinales de 3 à 4 centimètres qui ne fendent que l'écorce, la divisent en lanières séparées du bois et qui n'y tiennent que par leur extrémité inférieure. On prépare ensuite le *chalumeau;* c'est un tube d'écorce muni d'yeux bien aoûtés, d'une hauteur égale à la longueur des lanières qu'on a détachées du sujet; on le sépare du bois par un mouvement circulaire de droite et de gauche, pour ne pas s'exposer à vider les yeux, car si le cœur du germe manquait, ils ne pousseraient pas. Si ce tube est du diamètre du sujet, on le fait glisser sur son bois jusqu'à la naissance des lanières qu'on relève et dont on le recouvre, à l'exception des yeux, en les liant par le haut. Si le tube a un diamètre plus petit que le sujet, on le fend et on conserve, sans la détacher, la partie de l'écorce du sujet nécessaire pour recouvrir le bois.

Comment fait-on encore cette greffe?

Bien souvent, on fait la greffe en chalumeau sans lanières, qui ne diffère de la précédente qu'en ce que le sujet est privé à son sommet de son écorce, qu'on enlève complétement; alors l'anneau de la greffe est ajusté sur le sommet nu.

Pour quels arbres s'emploie la greffe en flûte?

Cette greffe est celle qui est presque exclusivement employée pour le châtaignier et le noyer.

N'y a-t-il pas une autre espèce de greffe?

On emploie quelquefois la greffe *par approche*, qui consiste à appliquer l'une sur l'autre deux parties de végétaux assez rapprochées pour qu'on puisse les laisser sur les pieds jusqu'à la reprise de la greffe.

A quel moment se fait-elle ?

Elle ne peut se pratiquer qu'au printemps ou en été, au moment de la sève.

51me LEÇON.

Du Noyer et du Châtaignier.

Comment cultive-t-on le noyer ?

On le sème en pépinière, mettant les noix à 50 centimètres les unes des autres, en lignes espacées aussi de 50 centimètres. Lorsque le plant a atteint 10 centimètres environ de diamètre, on le transplante dans des fosses préparées à l'avance autant que possible, et l'on met les arbres en lignes à 20 mètres de distance les uns des autres.

Peut-on greffer le noyer ?

Si, avant l'époque de sa plantation, le noyer n'a pas été greffé, on l'ente en tête au printemps suivant, soit au chalumeau, soit en écusson à œil poussant.

Quels soins demande le noyer une fois planté ?

Le noyer, une fois planté, ne demande plus que des binages au pied pour y tenir la terre constamment ameublie.

Qu'est-ce que le châtaignier ?

Le *châtaignier* se pourrait appeler, à bon droit, l'*arbre à pain des contrées pauvres*, à cause de l'abondance, de la bonté des fruits qu'il donne, et de la propriété qu'il a de croître dans des terrains sablonneux où d'autres arbres ne donneraient qu'une faible végétation. Son bois sert à faire des échalas et des planches pour la menuiserie, et il n'y en a pas de meilleur pour les cerceaux de barrique Il a peu de valeur comme bois de chauffage.

Comment le multiplie-t-on?

Le châtaignier se multiplie par ses fruits, les châtaignes, qu'on sème en pépinière comme les noix.

Comment le plante-t-on?

On le plante en *châtaigneraie* en lignes dans lesquelles les pieds sont à 20 mètres de distance les uns des autres. En plantant le jeune arbre, on l'étête et on raccourcit un peu les racines pour les mettre en rapport avec les branches. On a soin de bien conserver le pivot.

Comment greffe-t-on le châtaignier?

Lorsque le sauvageon a bien repris et qu'il a poussé des branches de la grosseur du doigt, on le greffe au chalumeau en avril après avoir élagué toutes les branches, n'en réservant que deux ou trois pour remplacer celles qui ont été greffées, dans le cas où l'opération ne réussirait pas la première fois. Il faut surveiller la greffe pendant deux ou trois ans, pour détruire les branches qui pourraient pousser au-dessous et arrêter la sève.

Quels sont les soins qu'on donne au châtaignier?

Tant qu'il est jeune, il ne faut pas négliger de donner au pied quelques façons pour ameublir la terre. Lorsqu'il est formé, ces binages ne sont pas indispensables, mais ils ne sont pas inutiles, car ils contribuent à augmenter la quantité des fruits. Lorsqu'il est en plein rapport, on doit tous les ans élaguer une partie des branches vieilles ; mais il faut faire cette opération avec beaucoup de prudence.

52me LEÇON.

Du Mûrier et de l'Olivier.

Combien cultive-t-on d'espèces de mûriers?

Il y en a deux : le *blanc* et le *noir*. Le *blanc* donne un fruit fade qui n'est guère bon qu'à être mangé par la volaille; mais il est précieux pour sa feuille qui sert à nourrir les vers-à-soie. Il vient très-bien dans les départements de l'Ardèche, du Gard, de la Drôme, de Vaucluse, et quelques autres du Midi, où il est déjà cultivé depuis longtemps. Le noir se cultive pour son fruit, qui est meilleur que celui du mûrier blanc; sa feuille peut aussi servir de nourriture aux vers-à-soie, mais elle est moins bonne que celle du précédent.

Dans quelles terres vient le mûrier blanc?

Le mûrier blanc vient assez bien dans toutes sortes de terres, mais surtout dans celles qui sont sèches et légères.

Quelles sont celles qui conviennent au mûrier noir?

Le mûrier noir aime un sable gras mêlé de terre substantielle et franche ; il se dessèche dans les terres sablonneuses.

Comment multiplie-t-on le mûrier ?

Le mûrier se multiplie par graines, par boutures et

par marcottes. Les semis donnent les sujets les plus vigoureux.

A quel moment greffe-t-on le sauvageon?

On greffe le sauvageon en pépinière, sur place, quand il a atteint quelques centimètres de diamètre : le mûrier blanc se greffe à œil dormant, à l'automne, et le mûrier noir à œil poussant, au printemps. On peut aussi les greffer en flûte depuis la fin de mai jusqu'au commencement d'août.

Comment plante-t-on les mûriers?

On plante les pieds à cinq mètres les uns des autres dans des trous faits à l'avance et ayant deux mètres en carré. On ne doit jamais en mettre dans les vignes, auxquelles leur ombre est nuisible ainsi que leurs racines qui sont nombreuses et traçantes.

Quels soins donne-t-on au mûrier?

On travaille le terrain au pied et tout autour deux fois l'année : au printemps et au mois d'août. Après l'hiver, on élague les branches qui viennent mal ou qui pourraient gêner pour la cueillette des feuilles. Immédiatement après la première récolte des feuilles, on taille très-court. La taille ne peut se continuer au-delà du mois de juin. Si elle n'était pas achevée vers la Saint-Jean, il vaudrait mieux la retarder jusqu'à l'année suivante. Dans cette opération, on doit avoir pour but d'augmenter la quantité des feuilles, qui servent encore de fourrage d'hiver pour la nourriture des bestiaux dans cette saison.

Où vient l'olivier?

L'*olivier*, que les anciens classaient ***le premier parmi les arbres fruitiers***, prospère dans quelques-uns de nos départements méridionaux.

Ses fruits donnent la meilleure de toutes les huiles, mais il est, de tous les arbres cultivés en plein champ, celui qui est le plus sensible à la gelée.

Comment le multiplie-t-on?

On multiplie l'olivier par la ***séparation des drageons*** ou rejetons enracinés toujours nombreux au pied des vieilles souches, par le ***semis*** et par la ***greffe***.

Comment le plante-t-on?

On le plante, à l'automne, en lignes, à 10 mètres en tous sens, dans des fosses qu'on a ouvertes dès le mois de juillet. Au moment de la plantation, on mouille abondamment la terre extraite des fosses et l'on y mêle de la balle de blé ou d'avoine avant de l'étendre sur les racines.

Quels soins lui donne-t-on?

Chaque année, on donne un labour autour du pied de l'arbre; tous les trois ans, on le fume avec un engrais très-consommé. Tous les deux ans, on le soumet à une taille régulière qui consiste à le débarrasser du bois mort, et à éclaircir les rameaux de manière à provoquer la pousse du jeune bois, les fleurs ne se produisant que sur le bois de deux ans, et les rameaux épuisés devant être continuellement renouvelés. Il fleurit en avril; le fruit est mûr en novembre.

53me LEÇON.

Du Pommier, du Poirier, du Prunier, de l'Abricotier, du Cerisier, du Pêcher, du Néflier et de l'Amandier.

Comment multiplie-t-on le pommier ?

Par semis : la graine est semée en pépinière, et l on obtient des francs appelés *égrains*, qui donnent des sujets vigoureux qu'on greffe à haute tige pour des arbres de plein vent.

Quelles greffes emploie-t-on ?

La greffe en fente et la greffe en écusson.

Dans quelles terres se plaît-il?

Il réussit dans toutes les terres, même dans celles de médiocre qualité; il ne redoute pas un peu d'humidité.

Quels soins lui donne-t-on?

Les binages, la taille, l'extirpation du *gui* qui croît sur ses branches, favorisent singulièrement la croissance du pommier et la production des fruits.

Quels sont les terrains qui conviennent au poirier?

Il vient, comme le pommier, dans toutes les terres; mais il préfère celles qui sont calcaires, et craint l'humidité. Sa culture est la même que celle du pommier. On le plante, ainsi que ce dernier, depuis 10 mètres jusqu'à 20, suivant la hauteur à laquelle l'arbre doit parvenir.

Comment cultive-t-on le cerisier et le prunier ?

Le *cerisier* et le *prunier* sont traités comme tous les

arbres dont nous venons de parler. Ils réussissent dans toutes les terres. On doit les greffer principalement en écusson.

Comment cultive-t-on l'abricotier?

L'*abricotier* se cultive en *plein vent* dans les champs ou dans les vergers, et en *espalier* dans les jardins; il doit être greffé sur amandier et sur prunier, mais non sur sauvageon de son espèce. Il craint beaucoup les gelées.

Comment cultive-t-on le figuier?

Le *figuier* ne réussit bien que dans les départements du Midi, où il est cultivé dans les vignes et dans les champs. Il n'exige aucun soin et se multiplie par les drageons ou rejetons enracinés qu'il pousse en abondance. Il produit abondamment, surtout dans l'Ardèche et le Gard, où l'on fait un grand commerce de figues sèches.

Comment cultive-t-on le pêcher?

Dans le midi de la France, le *pêcher* se cultive en plein vent, et donne, sans aucun soin, des fruits délicieux. Dans le centre et dans le Nord où on le cultive en espalier, il exige des soins minutieux. Les belles pêches de Montreuil ne sont obtenues qu'au prix des plus grandes peines exigées par l'ébourgeonnement, le palissage, l'effeuillage, et par la taille, toujours très-difficile.

On le greffe sur franc, sur amandier et sur prunier.

Comment cultive-t-on le néflier?

Le *néflier*, dont les fruits, âpres au moment de la récolte en octobre, s'améliorent sur la paille et deviennent bons à manger, réussit dans tous les terrains. On le cultive ordinairement dans les haies, en plein vent.

On le multiplie par la greffe en fente ou en écusson sur le néflier des bois, sur l'aubépine et sur l'azérolier.

Comment cultive-t-on l'amandier ?

L'*amandier*, qui fleurit en janvier ou février, ne peut réussir que dans le midi de la France où on le plante dans tous les terrains. Tous les ans on lui donne, s'il est possible, un labour au pied. Il se multiplie par les semis et par la greffe sur franc.

Quels sont les arbres forestiers qu'on trouve dans la France ?

Ce sont le *chêne*, le *hêtre*, le *frêne*, l'*orme*, le *charme*, le *bouleau*, etc. Les arbres *résineux*, tels que le *pin*, le *sapin*, le *mélèze*, l'*épicéa*, etc., y réussissent parfaitement, surtout dans les pays montagneux. Il est donc de l'intérêt des cultivateurs et de l'agriculture d'en faire des semis.

54me LEÇON.

Récolte et conservation des Fruits.

A quel moment doit-on récolter les fruits ?

En général, les fruits ne doivent être récoltés que lorsqu'ils sont parfaitement mûrs, ce qu'on reconnaît à une couleur jaune, blanche ou rougeâtre, qu'ils prennent, ou à une odeur agréable qui s'en exhale. Les fruits d'été sont ordinairement mangés aussitôt après la cueillette.

Quels sont les fruits que l'on conserve ?

Ce sont les fruits d'automne, et principalement les poires, les pommes, les raisins.

Comment se fait la récolte ?

Elle se fait par un temps sec, en détachant un à un tous les fruits, qu'on place dans des paniers larges et peu profonds pour les transporter à la ferme.

Où les place-t-on d'abord ?

On les place d'abord dans un appartement bien aéré pour les faire ressuer pendant quelques jours, après avoir ôté tous ceux qui sont tachés ou meurtris.

Que fait-on ensuite ?

Trois ou quatre jours après, on les porte au *fruitier*, local dans lequel ils doivent rester jusqu'à la consommation. Ce fruitier doit être sec et à l'abri de la chaleur et du froid. L'exposition du nord est la meilleure.

Comment y place-t-on les fruits ?

On les met dans des paniers plats ou sur des tablettes bordées de lattes, dont le fond est garni de regain, de mousse ou de fougère, en évitant de mélanger les espèces.

En quoi sont faites les tablettes et comment sont-elles placées ?

Les tablettes sont en bois dur (de chêne ou d'acacia), le moins sujet à l'humidité; elles sont placées sur des montants au-dessus les unes des autres, à la distance de 30 centimètres et un peu inclinées vers le sol, de manière à laisser voir tous les fruits en même temps. Leur largeur varie entre 50 et 60 centimètres, pour qu'on puisse atteindre avec la main les fruits les plus éloignés.

Quels soins donne-t-on au fruitier ?

Le fruitier doit être tenu avec une grande propreté;

il doit être visité souvent pour enlever les fruits qui commencent à se gâter. Les volets doivent être tenus fermés, et lorsqu'il faut renouveler l'air, on le fait par un temps sec et doux.

Si l'on n'a pas de fruitier, que faut-il faire pour conserver les fruits?

Si l'on ne peut pas disposer d'un local pour en faire le fruitier, on doit employer le moyen suivant, qui est indiqué par Dombasle :

« On fait construire en planches de sapin ou de peuplier, « de 2 centimètres d'épaisseur, des caisses de 10 cen- « timètres seulement de hauteur et de 65 centimètres « de longueur sur 40 de largeur, le tout pris en dedans ; « toutes ces caisses doivent être de dimensions bien éga- « les, de manière à s'ajuster exactement les unes sur les « autres; elles n'ont pas de couvercle, et le fond est « formé de planches de 10 centimètres d'épaisseur, soli- « dement fixées par des pointes sur le bord inférieur des « planches qui forment les parois des caisses. Au milieu « de chacun des quatre côtés de la caisse, on fixe par « des clous, près des bords supérieurs, des morceaux de « bois ou *tasseaux*, de 8 à 10 centimètres de longueur « sur 5 de largeur et 2 d'épaisseur. Ces morceaux sont « appliqués par une de leurs faces larges sur les faces « extérieures de la caisse, et en sorte qu'un de leurs « bords, sur toute la longueur des tasseaux, dépasse en « hauteur de 1 centimètre le bord supérieur de la caisse. « Ces tasseaux ont deux destinations : d'abord, ils aident « au maniement des caisses, en servant de poignées

« par lesquelles on saisit facilement des deux mains les « petits côtés d'une caisse ; ensuite, ils servent d'arrêt « pour tenir exactement les caisses dans leur position « lorsqu'on les empile les unes sur les autres. A cet effet, « ces tasseaux doivent être un peu délardés ou amincis « en dedans, dans la partie qui dépasse la hauteur de « la caisse, de manière que la caisse supérieure puisse « recouvrir bien exactement celle qui est au-dessous « sans être serrée par le bord des tasseaux.

« On conçoit facilement, d'après cette description, « que chaque caisse étant remplie d'un lit de poires, de « pommes, de raisins, etc., elles s'empilent les unes « sur les autres, chacune servant de couvercle à la pré- « cédente ; et la caisse supérieure est seule fermée, soit « par une caisse vide, soit par une plate-forme mobile en « planches, de memes dimensions que les caisses. On « peut empiler ainsi quinze caisses ou même davantage, « et chaque pile présente l'apparence d'un coffre entiè- « rement inaccessible aux animaux rongeurs, et que « l'on peut loger dans un local destiné à tout autre « usage, dans lequel il n'occupe presque pas d'espace.

« J'ai indiqué la hauteur de 10 centimètres pour les « caisses, parce que c'est celle qui convient pour des « poires ou des pommes d'un gros volume ; mais, pour « des fruits plus petits, on peut faire des caisses de « 6 centimètres de profondeur, et placer dans la même « pile des caisses de profondeur différente, pourvu « qu'elles aient toutes les mêmes dimensions en lon- « gueur et en largeur. On pourrait aussi donner à tou-

« tes les caisses plus de longueur ou plus de largeur « que je ne l'ai indiqué ; mais je pense que l'on trou- « vera toujours plus commode de ne pas dépasser les « proportions dans lesquelles chaque caisse peut être « maniée sans effort par une seule personne. Dans les « dimensions que j'ai proposées, chaque caisse peut « contenir cent poires de *beurré* ou de *bon-chrétien* « d'une belle grosseur, ou plus du double des petites « espèces ; en sorte qu'une pile de quinze caisses, qui « n'occupe qu'une hauteur de 1m 50 au plus, contiendra « un approvisionnement de 2,000 à 2,500 pommes ou « poires d'espèces diverses.

« Les fruits se conservent parfaitement dans ces cais- « ses, et cette bonne conservation est vraisemblablement « due à la stagnation complète de l'air dans cet appareil. « On s'efforce d'obtenir autant qu'on le peut cette con- « dition dans les fruitiers ordinaires, parce qu'on a re- « connu que c'est elle qui contribue le plus à la conser- « vation des fruits ; mais, quelque soin que l'on prenne, « il est impossible de l'atteindre dans le local le mieux « clos avec la perfection qu'on obtient sans aucun soin « dans les caisses. On sent, toutefois, qu'il est encore « plus indispensable ici que dans toute autre disposi- « tion, de ne serrer les fruits dans les caisses que lors- « qu'ils sont entièrement exempts d'humidité, puisqu'il « ne peut s'y opérer d'évaporation.

« Les principaux avantages qu'on trouvera dans l'em- « ploi du fruitier portatif, consistent non-seulement dans « la possibilité de loger une grande quantité de fruits

« dans un très-petit espace, et de les tenir parfaitement
« à l'abri des animaux malfaisants, mais aussi dans la
« facilité avec laquelle se fait le service pour soigner et
« trier les fruits en enlevant ceux qui viendraient à se
« gâter ou dont on a besoin pour la consommation jour-
« nalière ; en effet, la caisse supérieure de la pile étant
« découverte, on examine tous les fruits avec bien plus
« de facilité qu'on ne peut le faire entre les tablettes
« d'un fruitier ordinaire. On enlève ensuite cette caisse,
« et on la pose à terre à côté de la pile, afin de procéder
« à la même opération dans la seconde caisse qui se trouve
« découverte, et toutes les caisses viennent successi-
« vement se placer ainsi l'une sur l'autre, en formant
« une nouvelle pile dans un ordre inverse de la pre-
« mière. Si l'on place plusieurs piles les unes à côté des
« autres, une seule place vide suffit pour permettre
« d'opérer le remaniement de toutes, parce que le dé-
« placement de la première laisse un nouveau vide où
« vient se placer la seconde, et ainsi de suite.

« Les fruits renfermés dans ces piles sont beaucoup
« mieux garantis de la gelée que lorsqu'ils sont à décou-
« vert sur des tablettes ; et, à moins que le local où on
« les conserve ne soit exposé à de très-fortes gelées, il
« sera facile d'en préserver les fruits, en revêtant les
« piles de plusieurs doubles de couvertures, de vieux
« matelas, ou de tout ce qui serait propre à cet usage ;
« mais si la gelee devenait trop intense, on pourrait fa-
« cilement transporter toute la provision de fruits dans
« un autre local, sans les endommager et sans embarras,

« puisqu'il ne s'agirait que de former ailleurs une pile « avec les caisses dont le transport peut s'opérer en très-« peu de temps sans déranger les fruits. »

Ne peut-on pas conserver les raisins d'une autre manière ?

Les raisins peuvent encore être conservés en les suspendant à des cadres ou à des cerceaux construits exprès. Dans ce cas, les grappes sont suspendues par le pédoncule à des clous ou à des fils de fer que portent le cadre ou les cerceaux. Les raisins se conservent ainsi parfaitement, pourvu qu'on ait soin d'enlever un à un ceux qui se pourrissent ; et ils se conservent d'autant mieux qu'on a laissé un petit bout de sarment au pédoncule de la grappe.

DEUXIEME PARTIE

CHAPITRE IX.

Économie rurale.

Qu'est-ce que l'économie rurale?

L'*économie rurale*, ou *loi de la maison des champs*, est l'art d'administrer les biens de la campagne : elle traite principalement de la *construction des bâtiments ruraux*, de l'*entretien des bestiaux* et de la *comptabilité agricole*.

55me LEÇON.

CONSTRUCTION DES BATIMENTS RURAUX.

1. Logement du Fermier.

Où doivent être situés les bâtiments ruraux ?

Les bâtiments ruraux, qu'on appelle aussi la *ferme*, doivent être situés sur la partie la plus élevée et en même temps la mieux abritée du terrain, et, autant que possible, au centre de l'exploitation. Ils sont ainsi mieux aérés et moins exposés à l'influence de l'humidité et des vents, et toutes les terres se trouvent à proximité du laboureur. On doit rechercher, dans cet emplacement, le voisinage des sources d'eau vive.

De quoi se compose la ferme?

Elle se compose du logement du cultivateur, du grenier, de la grange et des étables.

Que doit-on éviter dans la construction des maisons d'habitation?

Dans la construction des maisons d'habitation, on doit éviter de placer une porte au nord et l'autre en face au midi, comme on le fait habituellement dans quelques localités. Le courant d'air qui s'établit par suite de cette fâcheuse disposition peut causer des maladies qui, presque toujours, ont des suites dangereuses. La porte d'entrée est bien mieux placée au levant. Le nombre des croisées doit être suffisant pour donner la lumière nécessaire et renouveler l'air.

Que faut-il faire pour attacher le cultivateur à l'exploitation?

Pour attacher le cultivateur au domaine qu'il exploite et pour le porter à le travailler convenablement, il faut, autant que possible, rendre son logement agréable. Les murs doivent être recrépis à la chaux et blanchis de temps en temps; le sol doit être planchéié.

Où est placé le grenier?

Il occupe le dessus du logement du fermier.

Quelles sont les conditions d'un bon grenier?

La première, c'est qu'il soit parfaitement sec, et que, par conséquent, le toit avance un peu au-delà des murs pour les garantir de l'humidité. Souvent le grenier est placé sur les étables et les écuries : cette disposition est mauvaise, en ce que l'air chaud et humide qui s'en exhale nuit à la bonne conservation du grain. Mais cet inconvénient diminue si le plancher est fait de manière à intercepter toute communication.

La seconde est que l'air puisse être facilement renouvelé : à cet effet, des ouvertures en petit nombre sont pratiquées au nord et au midi pour établir un courant actif. Ces ouvertures doivent descendre jusqu'au plancher et être pourvues de volets pour les fermer exactement et empêcher l'introduction de la lumière et de la chaleur dans le grenier.

La troisième, enfin, est que tous les trous soient exactement bouchés pour en interdire l'entrée aux rats et aux souris, qui y font les plus grands dégâts.

Que fait-on avant de mettre les grains dans le grenier ?

On le blanchit avec un lait de chaux, afin de fermer les fissures et les gerçures qui offrent aux insectes des retraites assurées. Puis on nettoie et l'on brosse le plancher pour enlever la poussière, les insectes et leurs larves.

Comment place-t-on les grains ?

On les met en tas en laissant un passage de quelques centimètres. Si c'est du blé nouveau, les couches ont 25 à 30 centimètres d'épaisseur ; à un an, les couches peuvent être de 40 à 50 centimètres ; et à deux ans et plus, elles peuvent être de 70 à 80 centimètres.

Quels soins donne-t-on aux grains?

Les soins à donner aux grains dans le grenier consistent à remuer la masse avec une pelle en bois, à l'exposer à l'air pour la rafraîchir et la dessecher, et en même temps pour troubler les insectes et les déloger. C'est surtout dans les premiers temps que les grains courent le plus de risque de s'altérer ; on doit les remuer au moins deux fois par semaine ; la seconde année, tous les quinze jours pendant l'été et une fois par mois en hiver. On doit surtout redoubler d'attention lorsque le temps passe subitement du froid au chaud et du sec à l'humide, car alors ils sont plus sujets à se détériorer. Lorsqu'on doit les garder plusieurs années, il est bon, de temps en temps, de les faire passer au tarare et au crible.

Quels sont les insectes qui font les plus grands ravages dans les tas de blé ?

Ce sont le charançon et la teigne. L'expérience a démontré : 1° que les blés qui sont soumis à des soins fréquents, tels que le pelletage, le vannage et le criblage, sont moins attaqués par le charançon, qui craint la lumière, la grande chaleur et le grand froid ; — 2° que l'établissement d'un courant d'air continuel préserve complétement le blé de ses atteintes ; 3° que le blé conservé en meules ou coupé avant sa maturité est exempt de ses ravages.

N'y a-t-il aucun moyen pour détruire les teignes et les charançons ?

Quelques poignées de chanvre portant encore la graine placées dans les coins, des flocons de laine non dépouillée de son suint étendus sur les tas, de petits sacs contenant du camphre, chassent et tuent les insectes et les empêchent de s'introduire dans le grenier.

De quoi se compose la grange?

La grange se compose des étables de l'aire et du gerbier.

2. Des Étables.

Quels soins doit-on apporter dans la construction des étables?

Les *étables* exigent, dans leur construction, des soins qu'on ne prend pas généralement : elles doivent être spacieuses, afin que l'air et le jour y pénètrent facilement; le *sol* sera pavé et offrira la pente nécessaire pour conduire les urines au dehors, ou sera établi horizontalement si la quantité de litière est suffisante pour absorber toutes les urines; les *murs* seront recrépis à chaux et à sable, blanchis à l'eau de chaux au moins une fois par an; la *porte* d'entrée sera large; le *seuil*, au niveau du sol; les *fenêtres*, au nombre de deux et placées autant que possible à l'est et à l'ouest, seront grandes et garnies d'un *canevas* mobile, qui servira, en été seulement, à garantir les bestiaux des tracasseries des mouches et des insectes; le *râtelier* sera élevé et la *crèche* basse; le *plafond* ne sera point à jour, mais fermé de manière à ce qu'aucune ordure ne tombe du grenier dans le fourrage et que les émanations des étables ne se répandent pas dans le fenil.

Quelles doivent être les dimensions des étables?

Les dimensions des étables varient suivant le nombre et l'espèce des bestiaux qu'elles doivent contenir.

En général, l'espace occupé par chaque bœuf ou chaque vache doit être calculé à 1m 50 de largeur ; en bas, il doit exister, entre les rangées d'animaux, un passage suffisant pour faire le service de l'étable ; une légère pente de l'avant à l'arrière est indispensable à cause de la position de l'animal ; la hauteur du plafond doit être de 3 mètres au moins.

Quel est le vice le plus ordinaire des étables?

Le vice le plus ordinaire des étables est de manquer d'air, et ce défaut peut être facilement évité : les fenêtres placées dans des directions opposées le préviennent et ont le grand avantage d'établir un courant d'air dont on peut user quand il est nécessaire. Cependant, il est à remarquer qu'il ne doit pas être pratiqué de jour dans le mur contre lequel sont appuyés les râteliers et les auges, parce que l'air et la lumière, frappant directement sur les yeux des animaux, peuvent leur occasionner des fluxions qui deviennent parfois très-graves. Des ouvertures pratiquées aux deux extrémités des étables, sur le même côté que la porte d'entrée, n'ont pas cet inconvénient.

Comment les étables doivent-elles être tenues?

Les étables doivent être tenues avec une grande propreté : ce n'est pas une recherche de luxe, c'est une nécessité telle que la négligence est une chance donnée à la maladie. C'est une erreur de croire, comme presque tous les cultivateurs, qu'il est nécessaire de laisser les animaux s'encrotter de fiente et d'ordure. Qu'ils soient, au contraire, pansés à la main chaque jour, et ce travail deviendra facile si l'on a soin de renouveler la litière tous les soirs ; que le plafond, comme le reste de l'écurie, soit toujours débarrassé des toiles d'araignée.

56me LEÇON.

Entretien des Bestiaux.

Quels sont les bestiaux employés à la culture des terres?

Tous les travaux des champs sont exécutés par les bœufs, les vaches et les taureaux. Les *chevaux* et les *mulets* y sont aussi employés ; mais on préfère généralement les bœufs et les vaches, dont le travail, quoique plus lent que celui des chevaux et des mulets, est plus régulier.

Les bestiaux sont-ils bien nécessaires dans une exploitation?

Les bestiaux, qui sont les auxiliaires du cultivateur, sont indispensables dans une exploitation, non-seulement parce qu'ils exécutent les travaux de la terre ou parce qu'ils fournissent une foule de choses nécessaires à la vie, telles que le lait, le beurre, le fromage, la viande, la laine, etc., mais encore parce qu'ils font l'engrais nécessaire pour fumer la terre ; car sans engrais la culture est impossible.

Qu'entend-on par bêtes à cornes?

Les bœufs, les vaches, les taureaux, les génisses, les veaux, sont ce qu'on appelle *grand bétail* ou *bêtes à cornes*.

Qu'entend-on par petit bétail?

Le mouton, la brebis, la chèvre et le cochon, sont le *petit bétail.*

Qu'entend-on par animaux de trait?

Les *animaux de trait* sont ceux qui sont destinés à exécuter les travaux de la terre, tels que les chevaux, les bœufs.

Qu'appelle-t-on bétail de rente?

On appelle *bétail de rente* les bestiaux qui ne sont soumis à aucun travail et qu'on élève pour en retirer des produits ou des bénéfices par la vente.

Quelles sont les races de bêtes à cornes les plus estimées en France?

Les races de *bêtes à cornes* ou *bovines* les plus recherchées sont, parmi les races françaises :

Bœufs de travail :

Les *salers*, les *limousins*, les *garonnais*, les *nivernais* et les *bretons.*

Vaches :

Les *flamandes*, les *normandes* et les *bretonnes.*

Parmi les races étrangères :

Les *bernoises* ou race de *Suisse*, les *hollandaises* et les *écossaises.*

A quels signes reconnaît-on un bon bœuf?

Le bœuf doit être ouvert du poitrail et des hanches : il doit avoir les jarrets larges, les jambes de hauteur moyenne, nerveuses sans être trop fortes, la tête de moyenne grandeur, la côte arrondie, le ventre ni gros ni pendant, le garrot (1) et les reins larges, le dos rectiligne (2) du garrot à la croupe (3), les hanches peu saillantes, la queue bien attachée et s'élevant un peu au-dessus de la croupe, la cuisse arrondie, les cornes bien contournées, les pieds solides, et le fanon (4) pas trop pendant.

A quel âge commence-t-on à le dresser au travail?

Dès l'âge de deux ans.

A quoi est destinée la vache?

La vache est destinée à la production des veaux et des génisses et à celle du lait; c'est pourquoi on la fait peu travailler quand on a des bœufs.

Quels sont les caractères auxquels on reconnaît une bonne vache?

La bonne vache est forte, docile; elle doit avoir les os du bassin écrasés, la tête ramassée, les yeux vifs, les cornes courtes, le ventre s'élargissant un peu à la partie inférieure, l'ossature mince, les mamelles grandes et molles.

Que faut-il faire pour conserver la race des vaches en bon état?

Pour conserver la race des vaches en bon état, il faut choisir celles qui sont destinées à la production parmi les plus grosses, les plus fécondes, les plus pourvues de lait.

(1) Partie du corps supérieure aux épaules.
(2) En ligne droite.
(3) Partie de l'animal depuis les reins jusqu'au haut de la queue.
(4) Peau qui pend sous la gorge.

A quoi sert le taureau?

Le *taureau*, ou *mâle de la vache*, n'est employé comme bête de trait que dans quelques localités; ordinairement, il est élevé comme étalon (1).

A quels signes reconnaît-on un bon taureau?

Le taureau doit avoir le corps gros, mais plutôt par le développement des muscles que par la grosseur des os, qui, en général, doivent être petits et peu saillants; la chair ferme et d'un tissu serré, la tête courte et garnie de cornes grosses et noirâtres et régulièrement disposées; le front et la face larges; l'œil noir, le regard assuré et fier; les oreilles longues et velues, le mufle (2) grand et carré, le nez court et droit, le cou gros, nerveux, rassemblé; les épaules fortement attachées et libres, la poitrine ouverte et profonde, le fanon pendant jusque sur les genoux, les jambes courtes, les reins forts, le dos droit, la cuisse large et pleine, le jarret détaché et musculeux, la queue longue et touffue, le poil fin, serré, luisant et doux au toucher.

Le taureau doit-il être logé dans l'étable des vaches?

Le taureau doit être logé loin de l'étable des vaches et ne doit jamais les accompagner au pâturage.

Comment dresse-t-on les bœufs, les vaches et les taureaux au travail?

Pour dresser les bœufs, les vaches et les taureaux au travail, on leur demande en commencant un travail peu

(1) Animal de choix pour la reproduction.
(2) Extrémité du museau.

considérable, mais qui augmente progressivement. La douceur, la patience et même les caresses sont les seuls moyens qu'il faille employer pour les dompter. Celui qui les maltraite et les soumet à un travail excessif, lors même qu'ils sont dressés, fait preuve d'insensibilité et entend mal ses intérêts ; la loi le punit sévèrement (1). Du reste, l'animal traité avec dureté devient rétif, mutin et dangereux, tandis que celui qui est traité avec douceur s'accoutume à son service et fait volontiers ce qu'on exige de lui.

Comment les attelle-t-on?

On les attelle au joug et au collier ; la première manière est la plus usitée ; cependant elle est plus gênante et plus fatigante que la seconde.

Comment reconnaît-on l'âge des bêtes à cornes?

L'âge des bêtes à cornes se reconnaît à la dent et à la corne. Le bœuf a vingt-quatre dents mâchelières ; huit incisives, toutes disposées sur le devant de la mâchoire inférieure et qui marquent l'âge. Les premières dents tombent à dix mois et sont remplacées par d'autres plus larges et moins blanches ; à seize mois, les voisines tombent, et à trois ans les dents de lait sont renouvelées. Celles de l'âge adulte sont égales, longues et assez blanches; mais à mesure que l'animal vieillit, elles s'usent et noircissent.

La corne fournit les indications suivantes : la pointe jusqu'au premier nœud compte pour trois ans; on ajoute

(1) Loi Grammont, du 2 juillet 1850.

ensuite une année pour chaque nœud ou bourrelet jusqu'à l'endroit où elle s'implante dans le front.

De quoi se compose la nourriture des bêtes à cornes?

Les bestiaux doivent toujours recevoir une nourriture saine et abondante. On les nourrit avec du foin ou d'autres fourrages, de la paille et des plantes-racines. Les fourrages secs doivent être réservés pour l'hiver; on y mêle une certaine quantité de plantes-racines qui les rafraîchissent; en été, on les nourrit au fourrage vert; mais il faut éviter de les faire passer trop promptement d'un régime à l'autre. Chaque jour, lorsqu'on change de régime, on mêle un peu de farine d'orge à l'eau qu'on leur donne et au fourrage sec. Lorsqu'on a ainsi fait pendant quelque temps, on coupe chaque soir la ration de fourrage vert pour le lendemain, et on la distribue en quantité convenable. C'est ce qu'on nomme la *stabulation*.

Quelle quantité de nourriture faut-il donner à chaque tête de gros bétail?

La quantité de nourriture qu'il faut donner dans un jour à chaque tête de gros bétail varie suivant la conformation de l'animal : ordinairement on donne de 10 à 12 kilogrammes de foin, ou l'équivalent en paille, carottes, betteraves, navets, rutabagas, etc.

La nourriture à l'étable est-elle préférable à celle dans les prés et les pâturages?

La nourriture à l'étable est préférable à celle des prés et des pâturages : les bêtes nourries à l'étable ont le poil plus uni, plus luisant et se portent mieux que les autres. On ne doit recourir au pâturage que lorsqu'on a des pacages éloignés dont on ne peut retirer aucun autre profit. Malheureusement, on est presque toujours obligé d'y recourir, parce que les personnes chargées de distribuer la nourriture aux bestiaux gaspillent le foin et épuisent promptement la provision. Cela doit engager fortement les maîtres des animaux à se charger eux-mêmes de ce soin et à faire botteler le foin, afin de connaître la quantité dont ils peuvent disposer et de régler le nombre des têtes de bétail sur cette quantité.

L'usage du sel pour les bestiaux est-il avantageux?

L'usage du sel dans la nourriture des bestiaux est très-propre à les entretenir en appétit et à prévenir les maladies. La meilleure manière de le donner est d'arroser les fourrages avec de l'eau salée; cette méthode a encore l'avantage d'obliger le bouvier à répandre les fourrages, précaution toujours utile.

Quels soins particuliers doit recevoir la vache qui donne à téter?

La vache qui donne à téter doit recevoir de l'eau blanche et une bonne nourriture quelque temps après la *gestation*.

Comment traite-t-on le veau dans les premiers jours de sa naissance?

Le veau, dans les premiers jours de sa naissance, doit téter aussi souvent qu'il le désire; on le sépare de la mère vers le sixième jour. S'il doit être livré au boucher, on le fait téter 30 à 40 jours; si on le destine à la charrue, 3 ou 4 mois. On le sèvre en lui donnant, en commençant, du foin choisi ou de l'herbe fine. Dombasle conseille de ne pas le laisser téter du tout, en l'habituant dès sa naissance à boire dans un baquet. Les huit ou dix premiers jours, on lui donne du lait fraîchement trait qu'on remplace ensuite par du lait écrémé dans lequel on ajoute un peu de tourteau de lin réduit en poudre fine, ou de farine de féveroles ou d'orge. Dans ce cas, le veau doit être emporté immédiatement après sa naissance, avant que la mère ait pu le lécher. Elle ne s'aperçoit pas alors de cette séparation.

Outre les soins de régime, qu'exigent encore les bestiaux?

Outre les soins de régime, les bestiaux exigent encore les soins habituels de propreté. Chaque matin, le pansement doit être fait à la main, soit avec de la paille, soit avec l'étrille; la crinière doit être peignée, les yeux et le mufle lavés avec une éponge ; les pieds visités avec soin pour engraisser la corne quand elle est sèche; la litière doit être fréquemment renouvelée. Quand les bestiaux quittent la charrue, s'ils ont été échauffés par le travail, on évite de les lâcher dans des pâturages humides et de les abreuver immédiatement après; il est bon, dans ce cas, de les rentrer à l'étable et de les bouchonner.

Quel est le but de tous ces soins hygiéniques?

Tous ces soins hygiéniques ont pour effet de prévenir les maladies qui attaquent parfois les bestiaux.

Quelles sont ces maladies?

Ces maladies sont : ***la pleuromonie, le typhus, le charbon***, etc.

Comment les désigne-t-on?

Ces maladies, qui sont contagieuses et peuvent même se communiquer à l'homme, se désignent sous le nom d'*épizootie*. Lorsqu'elles atteignent les bestiaux d'une contrée, elles les font périr en grand nombre.

Quelle est la première précaution à prendre si une maladie se déclare dans une étable?

La première précaution à prendre lorsqu'une maladie se déclare dans une étable, c'est de séparer les bestiaux qui en sont atteints de ceux qui sont bien portants; puis, comme on pourrait se tromper dans l'application des remèdes, il faut recourir promptement à un vétérinaire; le moindre retard peut avoir des résultats fâcheux.

Qu'est-ce que la météorisation?

La *météorisation* est un gonflement extraordinaire de la panse des animaux.

A quoi est-elle due?

Elle est due à un développement de gaz dans la panse de ces bestiaux : le trèfle, les vesces, les feuilles, et quelques autres fourrages verts donnés mouillés ou couverts de rosée l'occasionnent.

A quoi la reconnaît-on?

L'animal atteint de la météorisation gonfle ses flancs, qui résonnent comme un tambour lorsqu'on les frappe; il est triste et abattu.

Que doit-on faire lorsqu'on aperçoit les symptômes de cette maladie?

Lorsqu'on aperçoit les symptômes de la météorisation dans un animal, on doit le faire sortir de l'étable et le faire promener pendant quelques instants. Si le gonflement ne disparaît pas, on lui fait boire une bouteille d'eau dans laquelle on a mis une cuillerée d'*ammoniaque*, dont on doit toujours avoir une provision pour s'en servir dans ces cas, ou lorsqu'on est piqué, soit par des vipères, soit par d'autres insectes. Si le mal résiste à ce remède, on perce la panse de l'animal, du côté gauche, avec un *troquart* ou un couteau pointu, et l'animal est guéri presque sur-le-champ. On le met pendant quelque temps à la diète pour favoriser la guérison de la plaie. On ne doit pas négliger de faire promptement les remèdes que nous indiquons, car les progrès de l'empansement sont tellement rapides que l'animal ne tarderait pas à succomber s'il n'était secouru à temps.

57me LEÇON.

Engraissement des Bestiaux.

Quels animaux engraisse-t-on pour la boucherie parmi le gros bétail?

Les bœufs et les vaches.

Quelles sont les races préférées pour l'engraissement?

Les races préferées pour l'engraissement sont :

Races françaises .

La race *limousine*, race précieuse en ce qu'elle est propre aussi au travail et à la laiterie; la race *poitevine*, la race *charolaise*, la race *nivernaise* et la race *bretonne*.

Races étrangères :

Parmi les races étrangères, on donne la préférence à la race anglaise de *Durham*, à cornes courtes, la plus précoce des races d'Europe, et la plus disposée à l'engraissement.

A quel âge peut-on commencer l'engraissement des bœufs et des vaches?

L'engraissement des bœufs peut commencer à cinq ans faits, dont deux ont été employés à un travail léger; celui des vaches a lieu lorsqu'elles sont devenues trop vieilles pour continuer à donner des veaux et une bonne quantité de lait (tant qu'elles donnent du lait, elles prennent difficilement la graisse): néanmoins, on ne doit pas attendre qu'elles aient perdu toutes les dents, car alors l'engraissement exigerait beaucoup de temps et serait très-dispendieux.

Est-il facile de bien choisir les individus propres à l'engraissement?

Le choix des individus exige un tact particulier qui ne s'acquiert que par une longue pratique.

Quelle est la saison la plus convenable pour l'engraissement des bestiaux?

Le bétail peut être engraissé pendant toute l'année: l'hiver est la saison la plus favorable, parce qu'alors les animaux ne sont pas incommodés par la chaleur et les insectes, et qu'on a plus de temps à leur donner. D'ordinaire, l'engraissement commence après les semailles d'automne, c'est-à-dire en novembre, et dure cinq mois.

Quels principes faut-il suivre dans l'engraissement?

Pour tirer tout le fruit possible des bestiaux à l'engrais, il faut ne pas s'écarter des trois principes suivants :

1° *Ne pas presser l'engraissement ;*

2° *Eviter la satiété ;*

3° *Proportionner la qualité nutritive des aliments à la progression de l'embonpoint et à la diminution de l'appétit.*

Quels fourrages doit-on donner aux bestiaux à l'engrais?

Presque tous les fourrages sont bons pour l'engraissement des bestiaux ; mais il faut commencer par faire manger celui de qualité inférieure et réserver le meilleur pour l'achever.

Que peut-on encore y employer?

Les carottes, les betteraves, les rutabagas, les pommes de terre, peuvent remplacer une partie du foin de la ration. Ces plantes sont données cuites ou crues après avoir été coupées ; cependant, il vaut mieux faire cuire les pommes de terre, qui alors peuvent entrer pour un tiers dans la ration. Les tourteaux d'huile, surtout ceux de lin et de noix, sont considérés comme indispensables dans l'engraissement : ils sont pilés et mêlés à la boisson des bestiaux ou avec les racines.

Quels sont les soins les plus importants à donner aux bestiaux à l'engrais?

Les soins les plus importants pour l'engraissement des bestiaux sont de leur tenir toujours une litière sèche et abondante ; de leur distribuer leur ration avec la plus scrupuleuse exactitude aux mêmes heures ; de tenir les étables propres; de donner les pansements que nous avons indiqués pour les bêtes de trait, et de varier la nourriture.

Qu'est-ce qui contribue encore au prompt engraissement des bestiaux?

Ce qui contribue puissamment au prompt engraissement des bestiaux, c'est la tranquillité : aussi est-il nécessaire de laisser rarement pénétrer des personnes étrangères dans les étables et d'en exclure surtout les chiens avec le plus grand soin. Une fois que l'animal a reçu sa nourriture et sa boisson, les étables sont fermées pour y entretenir la chaleur qui favorise l'engraissement.

Comment excite-t-on l'appétit des bestiaux?

On l'excite par l'usage du sel ; on peut aussi recourir à la saignée.

Quels sont les avantages qu'on retire de l'engraissement des bestiaux?

L'engraissement des bestiaux, auquel on ne doit se livrer que lorsqu'on a une quantité suffisante de fourrage, est une branche d'industrie agricole qui fait la richesse du pays où on l'exerce. Il permet, chaque annee, de proportionner le nombre des bêtes qu'on achète pour cette fin à la quantité de fourrage qu'on a récoltée; le capital qu'on y emploie rentre dans l'espace de quelques mois et rapporte un bénéfice assuré ; enfin, le fumier des bêtes à l'engrais est toujours meilleur que celui des bêtes de trait.

58me LEÇON.

DU PETIT BÉTAIL.

1. Le Mouton et la Brebis.

Pourquoi élève-t-on le mouton et la brebis?

Le mouton et la brebis sont élevés pour la production de la laine, qui sert à faire les habits dont se recouvrent les cultivateurs, et pour la viande.

Quelles sont les races qu'on élève le plus en France?

Les races *ovines* les plus recherchées pour la laine sont :

Races françaises :

La *race de Gex*, la *race mérinos*, qui vient d'Espagne et qu'on trouve principalement dans les départements du Centre et du Midi; la *race de Champagne* et la *race de Flandre*.

Races étrangères :

La *race de Saxe*, les *mérinos purs* d'Espagne, les *mérinos croisés de l'Australie*, et les *races anglaises*, parmi lesquelles on distingue la *Dishley*, la *Southdown* et la *Costwold*.

Les races les plus propres à la boucherie sont : la *race bretonne*, la race *ardennaise*, la race *solognaise* et la race *limousine*.

Comment reconnaît-on l'âge des bêtes ovines?

L'âge du mouton et de la brebis se reconnaît aussi à l'inspection des dents : un mouton d'*une tonte*, comme on dit, ou d'un an, a deux larges dents sur le devant;

celui de deux ans en a quatre ; celui de trois en a six ; celui de quatre, huit. Cette époque passée, il ne *marque* plus, et à mesure qu'il vieillit, les dents noircissent, deviennent inégales, et enfin elles tombent à neuf ou dix ans.

Comment engraisse-t-on les moutons ?

On engraisse les moutons : 1° en les faisant pâturer dans de bons herbages ; les meilleurs sont la luzerne, le trèfle, le sainfoin et le regain des prairies naturelles ; 2° en leur donnant une bonne nourriture de navets ou de choux au râtelier et dans les auges (1) ; 3° en les mettant, en automne, dans de bons herbages et les pouturant ensuite.

Le sel peut-il être employé dans l'engraissement des moutons?

L'usage du sel produit de très-bons effets, et l'on ne saurait trop le recommander ; il ne faut pas cependant le donner en trop grande quantité.

Quels soins faut-il prendre en engraissant les moutons?

On doit les mener au pâturage de grand matin, avant que l'herbe ait été séchée par le soleil, mais après que la rosée a disparu ; veiller à ce qu'ils ne s'échauffent pas et les mettre à l'ombre pendant la forte chaleur.

A quel âge doit-on commencer l'engraissement des moutons ?

Quelques années avant la chute des dents, c'est-à-dire à quatre ou cinq ans.

(1) Ce qu'on appelle *pouturer*.

2. Maladies des Bêtes à laine.

Quelles sont les maladies qui atteignent les bêtes à laine?

Ce sont : 1° la *pourriture*, qui provient de l'influence des pâturages humides, du froid excessif et des pluies continuelles, et qui a pour effet de désorganiser complétement les poumons et de décomposer le foie de ces animaux.

L'animal qui en est atteint devient morne; il a les oreilles froides, la rumination lente, la tête collée sur la litière.

Les premiers soins à donner avant l'arrivée du vétérinaire sont d'asperger la litière d'eau salée, dans laquelle on a mis un peu de vinaigre.

2° Le *claveau* ou *clavelée*, qui se manifeste par intervalles et n'attaque le troupeau que par diverses portions à la fois. On reconnaît d'abord cette maladie aux petites taches rouges qui paraissent aux endroits les moins fournis de laine, et qui se changent ensuite en boutons. L'animal qui en est atteint tousse, porte la tête basse et a le nez morveux. Les secours les plus prompts sont nécessaires, et il est rare que les animaux en soient guéris si la maladie présente un aspect grave. Elle peut être prévenue par l'*inoculation*.

Les premiers soins à donner sont de séparer des autres les animaux affectés, et de désinfecter les étables.

3° Le *tournis*, qui se marque par des agitations convulsives, et qui est occasionné par la présence dans le cerveau d'une *hydatide* (1). La présence du vétérinaire est indispensable.

4° Le *piétin, mal blanc* ou *fourchet*, espèce de panaris qui vient sous la corne du pied, près de sa naissance, et ordinairement à l'un des côtés intérieurs de la fourchette.

Cette maladie est très-commune, et cela vient de la mauvaise tenue des bergeries. Dès qu'on s'aperçoit qu'une bête boite, on visite le pied, on le nettoie avec un instrument tranchant, et lorsqu'on voit une trace blanche, on l'humecte au moyen d'une plume avec de l'*eau forte* (acide nitrique). Si la maladie résiste, on recommence le lendemain.

3. De la Chèvre.

Quels sont les avantages que procure la chèvre ?

La chèvre est la vache du pauvre : elle lui donne du lait et du fromage, des petits chevreaux dont la chair est excellente, et, lorsqu'elle est vieille, sa viande peut être salée.

Quels sont les inconvénients attachés à l'élève de la chèvre ?

La chèvre fait un grand mal aux arbres, qu'elle dépouille de l'écorce et dont elle mange les jeunes bourgeons ; il est difficile de la garder, parce que son naturel vif et capricieux ne permet pas de la faire paître en troupeaux comme le mouton.

(1) Espèce de ver.

4. Du Cochon ou Porc.

Quels sont les avantages que procure le cochon?

Le *cochon* ou *porc* est un animal précieux, parce qu'il fournit aux habitants de la campagne la seule viande qu'ils mangent, et qu'il est facile à nourrir. Il se contente des eaux de vaisselle, des débris des substances animales et végétales, qui, sans lui, seraient complétement perdus. Un peu d'eau grasse le matin et le soir, quelques pommes de terre, forment toute sa nourriture jusqu'au moment de l'engraissement.

Comment doit être le sol des loges?

Le sol des loges à porcs doit être revêtu d'un pavé en pierre avec une pente pour favoriser l'écoulement des urines; l'*auge* est placée dans un coin de la loge ou au dehors.

Quels soins de propreté faut-il donner au cochon?

Il est nécessaire de faire laver souvent le cochon; le bain le rafraîchit et prévient des maladies graves auxquelles il est exposé. Comme il se vautre habituellement dans la boue, sa peau se couvre d'ordures; en l'absence des bains, cette malpropreté engendre une vermine qui l'incommode beaucoup et l'empêche de profiter.

A quel âge commence l'engraissement du cochon?

L'engraissement du cochon commence ordinairement à dix mois ou à un an. Il se fait avec des pommes de terre, des plantes-racines qu'on fait cuire et qu'on mêle aux eaux grasses ou à de l'eau ordinaire. On a remarqué que l'engraissement est plus rapide lorsqu'on laisse aigrir la nourriture qu'on lui donne. On lui fait manger en outre des châtaignes et du gland. L'engraissement s'achève avec de la farine de sarrasin, ou même avec du sarrasin et du maïs crus.

Quelle quantité de nourriture faut-il lui donner?

Cet animal doit recevoir à chaque repas une quantité de nourriture suffisante pour satisfaire son appétit, mais de manière à ce qu'il n'en reste point dans l'auge, et elle doit être distribuée à heure fixe.

Combien de temps dure l'engraissement du cochon?

L'engraissement du cochon dure quatre à cinq mois, et il n'est pas rare de voir cet animal atteindre un poids de 150 à 180 kilogrammes, et plus.

Quel genre de cochon emploie-t-on à l'engraissement?

On n'emploie à l'engraissement que les mâles ou les truies châtrées. Les cochons étant destinés à la consommation, on doit toujours choisir ceux dont la croissance est la plus rapide.

Quelles sont les races les plus estimées ?

Les races les plus estimées sont, parmi les races françaises : les *craonais* ou de la *Mayenne*, les *normands*, les *bretons*, les *lorrains*, les *navarrins*, les *périgourdins*, et les *tonquins* croisés.

Parmi les races étrangères : les *tonquins*, les porcs anglais du *Hampshire* et les *napolitains*.

59me LEÇON.

De la Comptabilité agricole.

Qu'est-ce que la comptabilité agricole?

La *comptabilité agricole* est l'ensemble des écritures nécessaires pour se rendre compte des *dépenses* que nécessite la culture d'une propriété, et des *revenus* qu'elle produit.

Qu'est-ce que les dépenses?

Les *dépenses* sont : 1° l'achat du terrain; 2° celui des bestiaux, des semences, des engrais, des outils et de tous les objets nécessaires à la culture; 3° la nourriture des animaux et le salaire des ouvriers ou des domestiques; 4° l'entretien des bâtiments et des instruments.

Quelles sont les recettes les plus ordinaires d'une propriété rurale?

Les *recettes* les plus ordinaires d'une propriété rurale sont : 1° la vente des récoltes de tout genre; 2° le croit des bestiaux et leurs produits; 3° les fumiers.

Est-il bien important de tenir la comptabilité d'une ferme?

Il est très-important de tenir cette comptabilité, si l'on veut connaître exactement le bénéfice ou la perte des opérations auxquelles on se livre; et si on ne le fait pas, il est très-rare de ne pas s'exposer à des mécomptes. Ce travail, du reste, est facile. Si les cultivateurs ne savent pas encore tous lire et écrire, il en est peu dont les enfants ne jouissent de ce bienfait, grâce aux écoles primaires établies dans chaque commune. Or, rien de plus facile à un propriétaire ou à un fermier, lorsque la famille est réunie le soir, que d'évaluer la valeur des journées qu'il a employées, des autres dépenses qu'il a pu faire, et de les *marquer* ou faire *marquer*, comme on dit, sur le livre de compte; rien de plus facile le dimanche, et rien de plus utile en même temps, que de jeter un coup d'œil sur le travail de la semaine et de le résumer en peu de mots.

Quels sont les registres nécessaires à un cultivateur pour tenir sa comptabilité?

Trois cahiers ou registres sont nécessaires à un cultivateur pour tenir sa comptabilité, savoir : la *main-courante*, le *livre d'inventaire* et le *grand-livre* ou registre du *doit* et de l'*avoir*.

Qu'est-ce que la main-courante?

La *main-courante* est le livre des recettes et des dépenses journalières. Il fait connaître la date, la nature et le montant des recettes et des dépenses de la journée, ainsi qu'on le voit dans le tableau d'autre part :

Main-courante. *Année* 1858.

DATES.	NATURE DES RECETTES ET DES DÉPENSES.	MONTANT des Recettes.		MONTANT des Dépenses.	
	Mois de Mars 1858.				
15	Vendu 3 kilogrammes de beurre	4	50		
15	Payé au charron pour réparations à la charrette			2	»
17	Payé au forgeron pour réparations aux dents de la herse			2	»
18	Vendu un veau à J. G. , boucher	30	»		
19	Payé les impositions du premier trimestre			20	»
	Totaux	34	50	24	»
	Excédant des recettes sur les dépenses	10	50	»	»

Année 1858. **GRAND**

Doit *le champ A, planté en pommes de terre :*

DATES.	NATURE.	MONTANT.	
1er mars	Un labour.	1	50
2	Conduite de fumier.	1	50
3	Six voitures de fumier.	6	»
4	Un second labour.	1	20
7	Labour de plantation.	2	»
7	1 hectolitre de tubercules pour planter. .	3	»
7	Trois journées de femmes et leur nourriture	3	»
8	1 hersage.	1	»
15 mai	1 binage.	5	»
2 juin	1 buttage.	4	»
25 septre	L'arrachage des pommes de terre. . .	6	»
	Total. . .	34	20

Excédant des recettes sur les dépenses . . . .

LIVRE.

Avoir

DATES.	NATURE.	MONTANT.	
25 sept[re]	25 hectolitres de pommes de terre, dont 15 vendus au ménage à 2 fr. l'hectolitre, ci	30	»
	et 10 à François, à 2 fr. 50, ci. . .	25	»
	Total. . .	55	»

BALANCE.

Dépenses. . .	34 f.	20 c.
Recettes. . .	55	»
. . . .	20	80

Qu'est-ce que le livre d'inventaire?

Le *livre* ou *registre d'inventaire* n'est autre chose qu'un petit cahier sur lequel sont inscrits tous les instruments et outils aratoires et autres objets servant à la culture de la terre, au fur et à mesure qu'on les achète. Chaque année, dans le mois de décembre, le *mobilier aratoire* est inventorié; les objets perdus sont remplacés; ceux qui sont détériorés sont immédiatement réparés, afin de les avoir tout prêts au moment de l'ouverture des travaux.

Qu'est-ce que le grand-livre?

Le *grand-livre* est le résumé en *doit* et en *avoir* de la main-courante.

Qu'est-ce que le doit *et l'*avoir?

Le *doit* représente la dépense, l'*avoir* la recette; chaque feuille du livre, divisée en deux pages, est consacrée à un genre de dépense particulier. Toutes les dépenses faites pour cet article sont détaillées dans la page de gauche, et les produits vendus ou consommés dans celle de droite. Un coup d'œil rapide jeté sur ce registre donne la connaissance exacte des dépenses occasionnées par la culture d'un champ, d'une prairie, par l'entretien des bœufs, des vaches, etc.; et le cultivateur sait à combien lui revient l'unité de la récolte qu'il a obtenue, et par conséquent, le prix auquel il peut la vendre pour faire un bénéfice honnête.

(*Voir le tableau au recto*)

Nota. On peut aussi tenir le livre d'*entrée* et de *sortie*, sur lequel sont notées l'entrée et la sortie des matières récoltées, des bestiaux achetés ou vendus, avec le montant en regard.

60me LEÇON.

Des Voies de communication.

La facilité des communications exerce-t-elle quelque influence sur l'agriculture?

La facilité des communications est un point très-important en agriculture; elle appelle toutes les localités à fournir, avec un égal avantage, aux besoins de la consommation générale, et établit le niveau dans le prix des denrées.

Quelles sont les principales voies de communication?

Les *principales voies de communication* reconnues par la loi sont : les *chemins de fer*, les *routes nationales* et *départementales*, et les *chemins vicinaux*. L'entretien des trois premières espèces est à la charge des compagnies, de l'État ou des départements; les derniers doivent être entretenus par les communes. Comme, le plus souvent, la plupart n'ont que des ressources très-limitées, leurs voies de communication laissent grandement à désirer; cependant de grands progrès ont été réalisés déjà sous ce rapport.

En quoi le mauvais état des chemins est-il une cause d'infériorité pour l'agriculture?

1° Il augmente notablement la fatigue des ouvriers et des animaux; — 2° il détériore en peu de temps les instruments de transport; — 3° il ajoute aux frais de culture, augmente le prix des denrées et rend leur écoulement difficile.

Les agriculteurs ont donc le plus grand intérêt à ce qu'on les entretienne en bon état; et ils doivent se rendre avec empressement aux journées de prestation lorsqu'ils y sont convoqués.

N'existe-t-il pas encore une catégorie de chemins dont la loi ne s'occupe pas et qui sont cependant d'une grande importance en agriculture?

Il existe encore une autre espèce de chemins qui ont une grande importance : ce sont ceux qui vont du village aux propriétés ou aux chemins vicinaux; et comme on ne les répare presque jamais, ils sont d'ordinaire dans le plus mauvais état, ce qui occasionne une prompte détérioration des instruments et retarde les travaux. Il est donc nécessaire de les entretenir en bon état.

Que faut-il faire pour cela?

Pour cela, il suffit d'y consacrer tous les ans quelques-unes des journées d'hiver pendant lesquelles on ne peut se livrer à aucun travail dans les champs. Ces journées, ainsi employées, augmentent la valeur des terrains et diminuent considérablement les frais de transport.

Que faut-il faire si un chemin intéresse plusieurs propriétaires?

Si un chemin intéresse plusieurs propriétaires, il est bon qu'ils se réunissent pour donner leurs journées au même moment, et que le plus expérimenté se charge de la direction des travaux.

Comment entretient-on ces chemins?

On se sert, pour l'entretien des chemins, des pierres

les plus dures qu'on a à sa proximité. Il est indispensable de les concasser avec soin. Les plus grosses sont placées au fond de la chaussée ; elles sont recouvertes d'une couche de 15 à 20 centimètres d'épaisseur de petites pierres concassées à la grosseur d'une noix environ. Ces petites pierres se lient entre elles par le frottement et forment une surface très-solide sur laquelle les roues roulent facilement. On donne à la chaussée une forme un peu bombée, afin de faciliter l'écoulement des eaux ; et si le fréquent passage des charrettes forme des ornières, on remédie promptement au mal qu'elles pourraient causer, en les remplissant de pierres concassées en très-petits fragments et les remettant ainsi au niveau du reste du chemin.

Enfin, les chemins sont bordés, lorsque la largeur le permet, de deux fossés qui reçoivent les eaux, lesquelles, si elles séjournaient à la surface, les détérioreraient promptement.

TROISIÈME PARTIE.

NOTIONS D'HORTICULTURE.

CHAPITRE X.

Du Jardin.

61me LEÇON

Définitions préliminaires.

Qu'est-ce que l'horticulture?

L'*horticulture* est l'art de cultiver les jardins.

Qu'est-ce qu'un jardin?

Le *jardin*, c'est l'enclos destiné à la culture des légumes et des fleurs.

Qu'est-ce que le potager?

Le *potager*, c'est le jardin dans lequel on cultive les légumes.

Qu'est-ce que les légumes?

Les *légumes* ou *plantes potagères* sont les plantes dont les feuilles, les racines ou les fruits sont propres à la nourriture de l'homme ou servent à l'assaisonnement des mets dont il se nourrit.

La culture du jardin est-elle avantageuse?

La culture du jardin est très-avantageuse, en ce qu'elle fournit pendant toute l'année des plantes dont la ménagère tire le plus grand profit pour la nourriture de la famille. Elle est, du reste, une agréable distraction après les travaux pénibles.

Quelles sont les conditions pour faire un bon jardin?

Pour former un bon jardin, il faut un terrain en plaine, meuble, profond, susceptible de se travailler dans toutes les saisons, riche en humus, d'une température propre à une végétation souvent précoce, exposé au sud ou au sud-est. Il est indispensable d'avoir, dans un coin ou dans le voisinage, un réservoir, ou un puits, ou un cours d'eau dont on puisse utiliser le courant pour l'arrosage des plantes.

Si le terrain est trop humide, on doit le dessécher par le drainage; sans cette précaution, le plus grand nombre des plantes potagères ne pourraient y réussir.

Comment protége-t-on le jardin contre les ravages des animaux domestiques?

Pour protéger le jardin contre les ravages des animaux domestiques, comme les poules, les oies, les cochons, etc., on l'entoure d'une haie vive ou d'un mur. La volaille alors ne peut y entrer, et le mur ou la haie sert d'ailleurs d'abri aux plantes contre les grands vents.

62me LEÇON.

Travaux du Jardin.

Quel est le premier travail à faire lorsqu'on forme un jardin?

Le premier travail à faire lorsqu'on forme un jardin, c'est le *défoncement* du terrain.

Comment se fait ce défoncement?

Le défoncement se fait à la bêche; il doit être aussi profond que le comporte la nature du sol. L'enclos défoncé en entier est partagé en deux ou trois parties, suivant sa grandeur, par une ou deux allées qui le traversent dans sa longueur. Ces allées sont assez larges pour qu'un homme puisse facilement y passer en conduisant la brouette; elles ont par conséquent un mètre au moins de largeur. Chaque partie est ensuite partagée en carreaux séparés entre eux par des allées de 40 centimètres de largeur et perpendiculaires à l'allée principale. Le long des murs ou de la haie et sur le bord des carreaux, dans les meilleures expositions, on réserve des plates-bandes pour les semis. Ces bandes sont séparées des carreaux par une petite allée qui fait le tour du jardin. Toutes les allées, auxquelles on donne une forme légèrement bombée pour faciliter l'écoulement des eaux, sont recouvertes d'une petite couche de sable.

Si l'on a un jardin déjà formé, quel est le premier travail à faire?

Si le jardin est déjà formé, le premier travail est le

bêchage des carreaux, qui se fait avant l'hiver si le terrain est susceptible d'être délité par les gelées, et dès les premiers jours de printemps si le contraire a lieu. Dans le courant de l'année, il faut les bêcher toutes les fois que la culture l'exige.

En quoi consistent les autres travaux du jardinage?

Les autres travaux du jardinage consistent dans des sarclages et des binages répétés assez souvent pour ne jamais laisser subsister aucune mauvaise herbe.

Comment entretient-on les allées?

Les allées sont ratissées avec soin lorsque les herbes commencent à y croître. En un mot, aucune plante parasite ne doit mûrir dans aucune partie du potager.

Que fait-on des herbes provenant des sarclages et du ratissage des allées?

Une fosse, creusée dans un coin, reçoit toutes les herbes provenant des sarclages et du ratissage des allées, ainsi que les feuilles et les débris des végétaux. Ces matières, se décomposant dans cette fosse, fournissent un terreau très-utilisé dans le jardinage.

Qu'emploie-t-on pour activer la végétation des plantes?

Le jardinage n'étant, en quelque sorte, que la culture artificielle des plantes, le jardinier, pour activer leur végétation et pour obtenir des primeurs, emploie ce que nous appelons des *couches*, c'est-à-dire des lits plus ou moins épais de fumier ou d'autres matières végétales propres à acquérir par la fermentation et à conserver un degré de chaleur convenable.

Combien y a-t-il de sortes de couches?

Il y a trois sortes de couches, savoir : les *couches chaudes*, les *couches tièdes* et les *couchés sourdes.* Les deux premières ne diffèrent entre elles que par le degré de chaleur qu'elles acquièrent, et par leur durée. Les couches sourdes sont au-dessous du niveau du terrain.

Quelles sont les matières qu'on emploie pour faire les couches?

Les matières qu'on emploie pour faire les couches sont le fumier d'écurie, d'étable, de bergerie, la colombine, la poudrette, les feuilles d'arbres, les mauvaises herbes, les débris des végétaux, les balles des céréales, les marcs d'huile, de raisin, de fruits, etc.

Quelle est la durée des couches?

Les couches faites de fumier durent six mois, celles de feuilles sèches et d'autres matières analogues durent un an; celles de marc, dix-huit mois.

Comment fait-on une couche?

Pour faire une couche, on creuse une fosse d'une profondeur de 50 centimètres, d'une largeur de 1 mètre 20 centimètres environ et d'une longueur déterminée par les besoins du jardin; on la remplit de fumier, de feuilles ou d'autres matières, de manière à ce que le niveau excède un peu celui du sol; enfin, on recouvre le tout de terreau disposé en talus sur les côtés et légèrement bombé vers le milieu. Au bout de deux ou trois jours, on sème sur le terreau les graines qu'on veut faire pousser promptement.

Qu'est-ce que le terreau?

Le *terreau* est le produit de la décomposition des substances végétales mélangées avec un peu de terre : il sert à recouvrir les semis faits sur couche. Le meilleur terreau qu'on puisse se procurer est celui qu'on obtient en retirant le fumier qui a été mis dans la fosse d'une couche qu'on veut détruire.

63me LEÇON.

Outils de Jardinage.

Quels sont les outils dont on se sert dans le jardinage?

Les outils dont on se sert dans le jardinage sont : la ***brouette***, la *bêche*, la ***houe***, la ***binette***, le ***sarcloir***, le ***râteau***, la ***ratissoire***, la *pelle*, la *fourche*, le ***plantoir***, le ***cordeau***, l'***arrosoir***, les ***paillassons*** et les *cloches*.

La brouette, la bêche, la houe, le râteau, la pelle, la fourche, le cordeau, étant connus de tout le monde, nous nous abstiendrons d'en parler davantage.

Quel est le temps le plus favorable pour bêcher?

On doit bêcher par un temps sec, jamais par un temps pluvieux et humide; mieux vaudrait alors ne rien faire, car on ne peut, lorsque la terre est mouillée, l'***amenuiser*** ou l'ameublir convenablement, ce qui nuit aux plantes dont la réussite dépend, en grande partie, de l'ameublissement du sol.

Qu'est-ce que la binette?

La *binette*, appelée aussi *serfouette*, est un instrument en forme de petite pioche dont le fer présente une houe d'un côté et deux dents pointues de l'autre.

A quoi sert-elle?

Elle sert à *biner* ou *serfouir* la terre, c'est-à-dire à l'ameublir à la surface entre les plantes afin de favoriser leur développement. Elle est fréquemment employée dans le jardinage, car rien ne favorise si bien la végétation des plantes potagères que les binages répétés.

Qu'est-ce que le sarcloir?

Le *sarcloir* est un peu plus grand que la binette et ne porte pas de dents : un côté du fer est en forme de houe, l'autre est rétréci vers le bout, ou présente seulement une dent de binette ou une pointe de fer.

A quoi sert-il?

Il sert à tracer les sillons des semis, à sarcler ou à couper entre deux terres les mauvaises herbes qui croissent entre les cultures et qu'on arrache ensuite avec la main pour les rejeter hors des carreaux.

Qu'est-ce que la ratissoire?

La *ratissoire* est un instrument formé d'une lame de fer qui sert à nettoyer les allées des mauvaises herbes. Il y a des ratissoires à main dont on se sert en les tirant à soi ou en les poussant, et d'autres à roulettes, qu'un homme fait mouvoir et qui font plus de travail que les premières.

Qu'est-ce que l'arrosoir?

L'*arrosoir* n'est autre chose qu'une cruche ordinairement en fer-blanc ou en tôle, qui sert à l'arrosement des plantes potagères. Au tube qui part du fond, on adapte, ou un goulot qui répand l'eau d'un seul jet, ou une pomme bombée et percée de petits trous par lesquels l'eau se subdivise en petits filets. Le goulot est employé de préférence pour les repiquages de jeune plant, dont chaque tige a besoin d'être arrosée au pied. La pomme s'emploie pour tous les arrosages superficiels. Pour les jeunes semis, il est essentiel que les trous soient petits et multipliés, autrement l'eau déplacerait la graine ou noierait le jeune plant.

Les arrosements sont-ils bien nécessaires?

Les arrosements sont d'une nécessité indispensable à la vie des plantes. L'eau est la vie des jardins.

A quelle époque commence-t-on à arroser?

En hiver, on ne doit pas arroser; la pluie qui tombe dans cette saison suffit pour entretenir l'humidité au pied des plantes. Mais au printemps, on doit commencer cette opération, et on la continue pendant tout l'été et une partie de l'automne.

A quels moments de la journée faut-il arroser?

Au printemps, lorsqu'on a encore à craindre les gelées de la nuit, on ne doit arroser qu'une ou deux heures après le lever du soleil, parce que la rosée serait plus dangereuse sur un terrain imprégné d'humidité. En été, on arrose le soir après le coucher du soleil; l'action de l'eau, favorisée par la rosée, est alors plus durable. Si dans cette saison on arrosait le matin, le soleil absorberait l'eau avant qu'elle eût eu le temps de s'infiltrer dans la terre, qui se durcirait, se formerait en croûte et se fendillerait. Si l'on arrosait vers le milieu du jour, les feuilles, ramollies par l'eau, seraient brûlées par la chaleur du soleil.

Doit-on mettre une grande quantité d'eau?

On doit arroser de manière à bien mouiller la terre.

A quelle époque cessent les arrosements?

En automne, les arrosements diminuent à mesure que les nuits se refroidissent, et ils cessent dès que le froid se fait sentir.

Quelle doit être la température de l'eau qui sert à arroser?

L'eau qui sert à l'arrosement des plantes doit être d'une température égale à celle du terrain qu'on veut arroser : c'est pourquoi, si l'on doit se servir de l'eau d'un puits, il est nécessaire de la tirer dans le courant de la journée et de la mettre dans des bassins, afin qu'elle soit réchauffée par les rayons du soleil.

Comment préserve-t-on les semis et les jeunes plantes des atteintes du froid?

Pour préserver les semis et les jeunes plantes des atteintes du froid, on les couvre de paille, ou mieux encore avec des *paillassons*, qui ne sont autre chose que des assemblages de petites poignées de paille de seigle qu'on range l'une près de l'autre, et qu'on lie avec de la ficelle ou des brins d'osier.

Comment place-t-on ces paillassons?

On les étend sur des demi-cercles de barrique qu'on place de distance en distance; on les roule pour les enlever lorsque le soleil vient réchauffer la terre.

Où met-on ces paillassons lorsqu'on les enlève?

Toutes les fois qu'on enlève ces paillassons de dessus les couches, il faut les suspendre contre un mur pour les faire sécher; sans cette précaution, la paille se pourrirait facilement. Lorsqu'on n'en a plus besoin, on les conserve dans un lieu sec.

Avec quoi abrite-t-on les plantes les plus délicates?

Pour abriter les plantes les plus délicates et hâter leur végétation, on emploie des *cloches.*

Qu'est-ce qu'une cloche?

Une *cloche* est un vase de verre ayant la forme d'une cloche, garnie extérieurement d'un bouton pour la soulever.

Quelles sont les meilleures cloches?

Ce sont celles qui sont faites en verre et d'une seule pièce. Mais comme elles sont d'un prix assez élevé, on peut employer, pour remplir le même but, du calicot gommé ou du papier huilé. Pour ces sortes d'abris, on fixe en terre deux baguettes d'osier recourbées en arcs et qui se croisent au-dessus de la plante; par-dessus on jette le papier huilé ou le calicot gommé qu'on assujettit avec de petites pierres.

Qu'est-ce que les châssis?

Les *châssis* sont ordinairement de grandes caisses formant un carré long, qu'on recouvre de panneaux plats ou bombés, et garnies de vitres ou de papier huilé.

A quoi sont-ils destinés?

Ils sont destinés à faciliter la germination des graines, à élever des primeurs ou des plantes délicates.

Qu'est-ce que les brise-vent?

Les *brise-vent* sont de grands paillassons destinés à protéger les plantes contre le vent. On les assujettit avec des lattes fixées dans le mur et des pieux plantés en terre.

64me LEÇON.

Des Engrais

Est-il nécessaire de fumer le jardin?

Le jardin étant destiné à produire en toutes saisons, il est nécessaire de fumer souvent la terre pour réparer ses pertes et fournir abondamment les sucs nécessaires à la végétation des plantes qui se succèdent sans interruption dans les carreaux. Cependant, il faut être prudent dans l'emploi des engrais, car une trop grande abondance serait quelquefois nuisible aux plantes, surtout aux plantes-racines.

Quels sont les fumiers qu'on emploie dans les jardins?

Le fumier d'écurie et d'étable est employé dans les jardins; mais il doit être très-consommé, car s'il ne l'était pas assez, il favoriserait la croissance des plantes nuisibles dont il contient la graine, qui multiplieraient les travaux de culture et diminueraient la valeur des produits. Viennent ensuite les boues des villes, la poudrette, la colombine, les balayures. Mais ce qui convient le mieux à la culture du jardin, c'est le terreau des couches dont nous avons parlé, et celui qu'on obtient en faisant pourrir les mauvaises herbes et les débris de végétaux dans les fosses. Pour hâter la décomposition de ces matières, on peut employer la chaux.

Comment emploie-t-on ce terreau?

Lorsqu'il est employé à couvrir de jeunes semis, il doit être très-divisé. Pour le tamiser, on se sert d'une claie en fil de fer à petites mailles, de 4 à 6 mètres carrés, ayant à peu près la forme d'une grande porte de buffet. On l'incline en appuyant les deux coins supérieurs contre deux pieux qui servent d'arcs-boutants; et, avec une pelle, on lance fortement le terreau contre la claie, dont les mailles ne laissent passer que les molécules les plus fines et brisent ou repoussent les autres qu'on rebat avec la pelle pour les lancer de nouveau.

Toutes les plantes potagères demandent-elles une fumure directe?

Il est des plantes, telles que le chou par exemple, qui demandent une fumure directe; d'autres, comme les plantes-racines, les pois, etc., ne réussissent jamais bien qu'après une récolte sarclée.

65me LEÇON.

Des Semis.

Comment sème-t-on dans un jardin?

Dans le jardin, on sème en *planche*, en *pépinière*, sur *place*, en *ligne*, à la *volée*, ou *seule à seule*.

Qu'est-ce que semer en planche?

Semer en planche, c'est semer une bande plus ou moins large séparée du reste du carreau par un petit sentier.

Qu'est-ce que semer en pépinière?

Semer en pépinière, c'est semer sur un tout petit carreau pour enlever la plante de cette place, afin de la mettre à celle qu'elle doit occuper jusqu'à sa maturité.

Qu'est-ce que semer sur place?

Semer sur place, c'est semer une graine à la place que la plante doit occuper jusqu'à sa maturité.

Qu'est-ce que semer en ligne?

Semer en ligne, c'est répandre la graine dans des sillons qu'on trace avec le sarcloir.

Qu'est-ce que semer à la volée?

Semer à la volée, c'est répandre une poignée de graine le plus également possible sur la surface de la terre.

Qu'est-ce que semer seule à seule?

Semer seule à seule, c'est placer les graines l'une après l'autre dans les lignes à la place qui leur est destinée.

Que fait-on lorsque les graines sont trop fines pour bien remplir la main?

Lorsque les graines sont trop fines pour bien remplir la main, on les mêle avec de la terre fine, ou du sable, ou de la cendre, avant de les répandre.

Par quel temps doit-on semer?

Les semis doivent toujours être faits par un temps sec, et autant que possible dans la saison convenable.

A quelle profondeur enfouit-on les graines?

Les graines les plus grosses sont enfouies à deux ou trois centimètres; quant aux graines fines, on se contente de les couvrir légèrement avec le râteau ou même d'arroser immédiatement après la semaille sans les recouvrir autrement.

Faut-il mettre beaucoup de graine en semant?

En général, il faut semer clair afin que chaque plante ait assez d'espace pour végéter convenablement. On ne doit jamais oublier cette vieille maxime :

Qui sème dru récolte clair, et qui sème clair récolte dru.

Quels soins doit-on donner aux semis?

Les semis doivent être l'objet d'une attention continuelle de la part du jardinier, pour arracher les mauvaises herbes, biner le terrain et arroser.

A quelle époque repique-t-on le plant?

Lorsque le plant est assez gros, c'est-à-dire lorsqu'il a au moins la grosseur d'une plume à écrire, on le *repique*, ce qui veut dire qu'après l'avoir arraché en soulevant la terre à l'aide d'un instrument, on le replante en place avec le plantoir. Le trou que fait le plantoir ne doit jamais être plus profond que la longueur des racines, et pour faciliter la reprise du plant, on arrose immédiatement après le *repiquage*.

66me LEÇON.

Récolte et conservation des graines.

Comment se procure-t-on les graines pour le jardinage?

Un bon jardinier récolte toutes ses graines ; il ne doit acheter que celles qui s'abâtardissent promptement; et comme on est sujet à être trompé très-souvent, il ne faut s'adresser qu'à des marchands d'une probité reconnue, et qui méritent la confiance.

Que faut-il faire pour récolter de bonnes graines?

Pour récolter de bonnes graines, il est nécessaire de donner de grands soins aux *porte-graine*?

Qu'appelle-t-on porte-graine?

On appelle *porte-graine* ou *mères*, les pieds qu'on destine à fournir les semences de l'année suivante.

Quels soins leur donne-t-on?

On doit les visiter souvent pour ne pas laisser échapper le moment favorable de la récolte. Lorsqu'on les a arrachés ou coupés, on les bat avec des gaules ou on en épluche les graines à la main; on en sépare ensuite tous les corps étrangers par le vannage; puis on renferme ces graines dans de petits sacs de papier, dont chacun porte une étiquette indiquant la nature de la graine et la date de sa récolte; on évite toutefois de mettre, comme on le fait souvent, de la graine nouvelle avec de la vieille. Ces petits sacs sont déposés dans un tiroir à l'abri de l'humidité et des ravages des insectes.

Si l'on est obligé d'acheter des graines, que faut-il faire avant de s'en servir?

Si, par une cause quelconque, on est obligé d'acheter des graines, il faut, avant de s'en servir, s'assurer si elles ont conservé leur faculté germinative, par le moyen suivant :

On les plonge d'abord dans l'eau et l'on rejette toutes celles qui surnagent à la surface. Ensuite, après avoir humecté deux morceaux de drap un peu épais, on les place l'un sur l'autre au fond d'une soucoupe. On répand par-dessus les graines qu'on veut essayer. On les recouvre d'un troisième morceau de drap semblable aux premiers, et on place la soucoupe dans un lieu modérément chaud, comme sur la tablette d'une cheminée ou dans le voisinage d'un poêle. Si les morceaux de drap viennent à se dessécher, on verse un peu d'eau pardessus, de manière à humecter les trois pièces de drap, mais en évitant de faire plonger dans l'eau les graines, qui, dans ce cas, se pourriraient. Si elles ont perdu leur faculté germinative, elles se couvriront de moisissure; sinon, elles montreront leurs germes après un temps plus ou moins long.

Par ce moyen très-simple et nullement dispendieux, on reconnait si la graine est trop vieille ou propre à être semée.

Qu'indique le tableau suivant?

Le tableau ci-contre indique le nombre d'années pendant lequel la graine de chaque plante potagère conserve sa faculté de germer :

1 an : Cerfeuil musqué, Marjolaine,

2 ans : Ail, Basilic, Lentille, Maïs, Mélisse, Persil, Sauge, Oseille, Thym, Ciboule, Haricot, Porreau,

3 ans : Anis, Asperge, Oignon, Cerfeuil commun, Céleri, Epinards, Salsifis, Tomate, Laitue, Navet, Raiponce,

4 ans : Carotte, Betterave, Fenouil,

5 ans : Brocoli, Capucine, Chou, Poirée, Pois, Rave, Radis, Mâche,

6 ans : Artichaut, Chicorée, Endive,

7 ans : Concombre, Courge, Citrouille, Melon

67me LEÇON.

Des Plantes potagères.

Comment divise-t-on les plantes potagères?

On peut les grouper en sept classes, savoir :

1° Les plantes à *graines légumineuses*, dont on mange les graines et quelquefois la cosse avec le grain, comme les *haricots*, les *pois*, les *fèves*, les *lentilles;*

2° Les *plantes-racines*, dont on mange la racine, parmi lesquelles on distingue la *carotte* , la *betterave*, l'*igname*, le *navet*, le *rutabaga*, le *panais*, le *salsifis*, la *scorsonère*, la *rave*, le *radis;*

3° Les plantes *tuberculeuses*, dont on mange le tubercule, comme la *pomme de terre*, le *topinambour;*

4° Les plantes *bulbeuses*, dont on mange la bulbe ou la tige, comme l'*oignon*, le *porreau*, l'*ail*, la *rocambole*, l'*échalotte*, la *ciboule* et la *ciboulette;*

5° Les légumes *herbacés*, dont on mange la tête, les feuilles ou la tige, comme les *choux*, les *laitues*, les *chicorées*, la *scarole* ou *escarole*, les *artichauts*, les *asperges;*

6° Les *herbages potagers*, appelés aussi *fournitures*, parce qu'ils servent à assaisonner les aliments, comme l'*oseille*, le *persil*, la *bette* ou *poirée*, l'*estragon*, la *capucine*, la *tomate;*

7° Les *cucurbitacées*, auxquelles se rattachent le *melon*, la *citrouille*, le *concombre*.

On cultive aussi pour bordures quelques arbustes.

68me LEÇON.

Des Plantes à graines légumineuses.

A quelle époque sème-t-on les haricots?

Les haricots se sèment sur place en mai, en rayons espacés de 15 à 20 centimètres si ce sont des nains, et de 10 à 15 centimètres si ce sont des haricots à rames. Les planches sont de six raies.

Quels sont les haricots préférés dans les jardins?

Dans le jardinage, on préfère les haricots à rames, plus productifs que les nains, qui, cependant, occupent aussi une place importante dans le potager.

Quels sont les haricots les plus cultivés?

Ce sont : 1° le *soissons* et le *prédame*, dont nous avons déjà parlé ; 2° le haricot *sabre* ou *sobre*, à graine plate, blanche, de moyenne grandeur, à gousse très-allongée et recourbée ; 3° le *délique à onglet* ou *mongette* des Provençaux, à grain taché de noir ; 4° le *haricot d'Espagne*, à fleur rouge écarlate, à gousse longue et rude, à grain jaspé de noir.

Quels soins donne-t-on aux haricots dans le cours de la végétation?

Les mêmes que dans la grande culture. (Voir page 72.)

Comment rame-t-on les haricots?

Pour *ramer* les haricots, on se sert de branches longues de deux ou trois mètres et dépouillées de leurs brindilles. Les branches d'aune, de châtaignier et de noisetier conviennent parfaitement pour cet usage.

Comment cultive-t-on les pois?

Les pois qu'on cultive dans les jardins pour les manger en vert, se sèment sur place en rayons espacés de 15 centimètres et en planches de six raies, dès les premiers jours de mars, pour continuer jusqu'à la fin de juin. Les semis se font de quinze jours en quinze jours afin d'en pouvoir manger de verts pendant tout l'été. On peut aussi semer sur couche ou même en pleine terre en les abritant, dès le mois de janvier, lorsqu'on n'a pas à craindre de trop fortes gelées.

Quelles sont les variétés cultivées dans les jardins?

On préfère les michaux, les pois communs et les nains.

De quelles branches se sert-on pour les ramer?

Les branches dont on se sert pour les ramer sont moins longues que celles qui servent à ramer les haricots et elles doivent avoir toutes leurs brindilles.

Comment cultive-t-on les fèves et les lentilles?

Les fèves et les lentilles, qu'on voit peu dans les jardins, sont traitées comme dans la grande culture.

69me LEÇON.

Des Plantes-racines.

Quelles sont les variétés de carottes cultivées dans les jardins?

On préfère les carottes courtes et les rouges longues.

Quel est le terrain qui leur convient?

Elles doivent être mises dans un terrain profond, bien préparé et qui a porté une récolte fumée.

A quelle époque et comment les sème-t-on?

On les sème au mois de mars sur place et en lignes espacées de 15 à 20 centimètres; on peut aussi les semer à des moments différents, depuis mars jusqu'en juin, et même dès l'automne : mais, dans ce dernier cas, on recouvre la plante de fumier long et pailleux pour la garantir du froid. La graine est recouverte avec le râteau, ou en promenant dessus un fagot d'épines, ou en *piétinant* le terrain immédiatement après la semaille. Ce piétinement se fait en marchant dans le sens de la longueur de la planche, les pieds étant très-rapprochés de manière à laisser une trace égale à leur largeur. A côté de cette première trace on en fait une seconde, et ainsi de suite jusqu'à ce que la planche soit toute couverte de l'empreinte des semelles. Ce piétinement entretient la fraîcheur autour de la graine et empêche qu'elle ne soit entraînée par la pluie.

Ne peut-on pas recouvrir la graine de carotte d'une autre manière?

On peut aussi, pour recouvrir la graine de carotte, répandre dessus une petite couche de terreau ou de terre fine.

Y a-t-il quelque caractère extérieur qui puisse faire reconnaître la bonne graine de carotte?

Aucun caractère extérieur n'annonce d'une manière certaine depuis quel temps la graine de carotte a été récoltée. Passé quatre ans, elle ne lève que difficilement. Pour ne pas être exposé à semer de la graine trop vieille, on doit récolter soi-même celle dont on a besoin, en plantant tous les ans quelques carottes de l'année précédente, des plus saines, des meilleures et des plus grosses, dans un coin, pour les faire porter de la graine.

Que fait-on pour conserver les bonnes espèces de carottes ?

Pour conserver les bonnes espèces de carottes, on ne doit garder que la graine des principales tiges.

Quelle graine doit-on préférer ?

Celle de deux ans. La graine d'un an lève promptement ; mais, de bisannuelle, la plante devient annuelle et se corde, ce qui la rend impropre à la nourriture.

Qu'est-ce que le panais ?

Le *panais* est une plante dont la racine jaunâtre et en forme de fuseau est employée pour donner du goût aux bouillons gras.

Comment le cultive-t-on ?

Sa culture est la même que celle de la carotte. Il ne craint pas les gelées.

Comment traite-t-on les porte-graine ?

En mars, on replante les porte-graine à 50 centimètres les uns des autres, et quand les tiges sont à peu près à leur hauteur, on les soutient avec des échalas. La graine se récolte en août.

Pourquoi cultive-t-on le salsifis ?

Le *salsifis* est cultivé pour sa racine blanche, qui est d'un grand usage dans le ménage.

A quelle époque et comment se sème-t-il ?

Il se sème en avril, en lignes espacées de douze à

quinze centimètres, et en planches de six à sept rayons. La graine est mise à deux centimètres environ de profondeur et les pieds sont espacés à dix centimètres. On arrose pour favoriser la levée de la graine; et, quelque temps avant sa sortie, on passe un coup de râteau sur la surface du sol pour rompre la croûte. Quelque temps après on éclaircit les pieds qui sont trop rapprochés.

A quelle époque peut-on commencer à manger les racines?

En automne, on peut commencer à manger les racines; mais on peut les laisser tout l'hiver en place pour manger au commencement du printemps, car elles ne craignent pas les gelées.

Comment récolte-t-on les graines?

On choisit les plus beaux pieds qu'on laisse en place ou qu'on transporte sur les bordures pour récolter la graine en juillet et en août.

Qu'est-ce que la scorsonère?

La *scorsonère* ou *salsifis d'Espagne* diffère du salsifis commun en ce que sa racine est noire.

Comment se cultive-t-elle?

Sa culture est la même que celle du salsifis commun; mais ses racines ne sont bonnes à manger que la deuxième année. Cette plante cependant porte graine dès la première année sans que la racine perde de ses bonnes qualités.

Comment récolte-t-on la graine?

Il est nécessaire de ramasser les têtes avant qu'elles se soient épanouies, pour empêcher que la graine ne soit enlevée par l'agitation de l'air. La même précaution doit être prise pour la graine de salsifis.

Quel terrain exige le radis?

Le *radis* est peu difficile sur le choix du terrain.

Quelles sont les variétés qu'on cultive ?

Les variétés de radis les plus cultivées sont : le *rouge hâtif*, le *rose*, le *blanc hâtif*, le *petit rond*, le *petit noir*, le *gros blanc* et le *gros noir*.

A quelle époque sème-t-on les radis?

On sème les hâtifs sur couche en octobre, pour les manger au printemps. Dès le mois de mars, on sème les autres variétés, tous les mois jusqu'en juin, en ligne ou à la volée, en planches ou entre les laitues et les oignons.

Comment recueille-t-on la graine ?

Pour recueillir la graine, on conserve les plus beaux pieds, dont on lie les tiges après des tuteurs. Celle qui est conservée dans les siliques est la meilleure.

La culture du navet, du rutabaga, de la betterave et de l'igname dans les jardins est la même que dans les champs; mais ces plantes appartiennent plutôt à la grande culture qu'au jardinage.

70me LEÇON.

Des Plantes tuberculeuses.

Les plantes tuberculeuses sont-elles cultivées dans les jardins ?

Les *plantes tuberculeuses* sont plutôt du ressort de

la grande culture que du jardinage; cependant, on consacre quelquefois un carreau du potager à la culture des pommes de terre hâtives, la *vitelotte* et la *petite longuette*, pour en avoir de bonne heure. Leur culture, dans ce cas, est la même que celle que nous avons donnée en parlant de cette plante, à la seule différence qu'on rapproche davantage les pieds et les lignes et qu'on plante quelquefois les tubercules en bêchant. On peut commencer à tirer des pommes de terre un ou deux mois avant qu'on puisse en avoir de celles des champs; on peut même, lorsqu'il y a quelques tubercules un peu gros, gratter la terre autour du pied, les arracher sans remuer la plante et la recouvrir pour laisser mûrir les plus petits.

71me LEÇON.

Des Plantes bulbeuses.

Quels sont les oignons les plus cultivés?

Les oignons les plus cultivés sont: le *rouge foncé*, le *rouge pâle*, le *blond*, le *blanc gros*, le *blanc hâtif* et le *petit oignon de Florence*.

Comment les sème-t-on?

On les sème en pépinière au mois d'août ou au mois de septembre.

Quelle est la terre qui leur convient le mieux?

Ils se plaisent dans une bonne terre substantielle, mais plutôt légère que trop forte. Si la terre n'avait pu être amendée à l'avance et qu'on fût obligé de fumer au moment de la semaille ou de la plantation, il faudrait se servir de fumier bien consommé ou mieux encore de bon terreau de couche.

A quelle époque se fait la transplantation?

En mars, et lorsque le plant a acquis la grosseur d'un tuyau de plume à écrire, on l'arrache, on *l'habille*, c'est-à-dire qu'on coupe les racines un peu vers l'extrémité; on ouvre ensuite une raie avec la houe; un ouvrier place les plants d'oignons dans cette raie à quinze centimètres les uns des autres, tandis qu'on les recouvre en traçant la raie suivante. En plaçant les plants de la seconde ligne, on évite de les faire correspondre avec ceux de la première. On continue ainsi pour toutes les planches, qui doivent être de six raies, et sont séparées entre elles par une petite allée égale à la largeur de deux raies ou à 30 centimètres. Après la plantation des oignons, on peut planter de la laitue dans ces allées.

Que faut-il faire durant l'été?

Dans le courant de l'été, on donne les façons nécessaires pour tenir le terrain dans un parfait état de propreté, évitant toutefois, en faisant les sarclages, de couper les bulbes des oignons. A l'automne, on peut coucher les fanes en appuyant légèrement dessus avec le dos d'un râteau ou au moyen de tout autre instrument, et, pour hâter davantage la maturité et favoriser la croissance des bulbes, on enlève une partie de la terre qui les recouvre.

Ne peut-on pas aussi semer avant l'automne?

On peut aussi semer les oignons en juillet pour transplanter en octobre, afin d'en avoir de bons à manger pendant l'été; dans ce cas, le plant a besoin d'être abrité pendant l'hiver au moyen d'une légère couche de litière.

Que faut-il faire pour obtenir de petits oignons?

Pour obtenir de petits oignons, on sème sur place, on éclaircit et l'on n'arrose qu'un peu dans les premiers jours de la végétation; mais pour avoir de gros oignons, il faut toujours recourir à la transplantation.

A quelle époque se fait la récolte des oignons?

La récolte des oignons se fait en août. Pour les conserver, on les met en paquets ou en tresses et on les place dans des lieux bien secs; sinon ils germent promptement et perdent de leur valeur.

Comment traite-t-on les porte-graine?

Les plus beaux oignons sont destinés à porter la graine. On les transplante en septembre ou en octobre, dans un terrain bien préparé, et dans les lieux les mieux abrités du jardin; les pieds sont espacés de 30 à 40 centimètres. On peut aussi transplanter les porte-graine en février ou en mars. La graine est bonne pendant 2 et 3 ans.

Qu'est-ce que le porreau?

Le *porreau* ou *poireau* est un des légumes les plus employés pour rehausser le goût du bouillon : c'est la tige, depuis la racine jusqu'à son extrémité, qui est destinée à cet usage?

Ce légume est d'une culture simple, facile et peu coûteuse. Les gelées ne l'endommagent pas, de sorte que sa conservation n'exige ni soins, ni dépense.

A quelle époque sème-t-on la graine et repique-t-on le plant?

La graine se sème en pépinière, en ligne ou à la volée, en janvier et février, et l'on repique le plant en mai ou en juin, après avoir coupé la moitié de la tige et les racines près du plateau qui les supporte et qu'on nomme *talon*.

Comment plante-t-on les porreaux?

On plante en lignes parallèles à 10 ou 12 centimètres environ dans tous les sens; les planches, de six à sept lignes, sont séparées par une distance de deux raies, et, pendant le cours de l'été, on donne de fréquents binages et sarclages, et l'on rogne les feuilles deux ou trois fois pour faire grossir la tête. Cette plante épuise beaucoup le sol.

Comment multiplie-t-on l'ail?

Il se multiplie par les caïeux de sa bulbe, appelés *gousses d'ail*, qu'on transplante en septembre ou octobre dans un terrain bien préparé.

A quelle époque fait-on la récolte?

Quand les tiges sont desséchées, on arrache les bulbes pour les mettre en paquets qu'on suspend pour les faire sécher.

Que craint l'ail?

Il craint l'humidité; dans un terrain argileux, il se pourrit facilement.

Qu'est-ce que la rocambole?

La *rocambole* ou *ail d'Espagne* diffère de l'ail ordinaire en ce que ses tiges produisent de petites bulbes qu'on plante comme les gousses appelées ***rocamboles.***

Comment multiplie-t-on l'échalotte?

L'*échalotte* se multiplie aussi par ses bulbes qu'on plante presque à fleur de terre, en bordure, en février ou en mars, à dix centimètres de distance. On récolte en juin ou en juillet.

Qu'est-ce que la ciboule?

La *ciboule commune* a le même goût et les mêmes propriétés que l'oignon.

A quelle époque la sème-t-on?

On la sème en février ou en mars, et le plant se repique six semaines après qu'il est levé, à la distance de quinze centimètres en tous sens.

Pourquoi cultive-t-on la ciboulette?

La *ciboulette* ou *civette* n'est cultivée que pour servir d'assaisonnement. Elle se multiplie par la séparation des pieds qu'on plante en bordure.

72me LEÇON.

Des Légumes herbacés.

Quel rang tiennent les choux dans la culture potagère?

Les *choux*, par leur importance, leur abondance et la salubrité de leurs produits, tiennent le premier rang parmi les légumes.

Quel est le terrain qu'ils exigent?

Ils réussissent dans tous les terrains, qui doivent être préparés par un bon défoncement et par une forte fumure.

Quel est le fumier qui favorise le plus leur croissance?

C'est celui des vidanges.

Comment divise-t-on les choux?

Les choux se divisent en quatre classes, savoir : les choux *pommés*, les choux *frisés*, les choux-*fleurs* et les choux *verts*.

Quelles sont les principales espèces de choux pommés?

Les principales espèces de choux pommés sont : 1° le *chou d'York* dont il y a deux variétés, le *petit chou d'York* et le *grand chou d'York*. Ils se sèment en août pour être transplantés en octobre et passer l'hiver en terre;

2° Le *chou pain-de-sucre* et le *chou cœur-de-bœuf*, qui se sèment à la même époque;

3° Le *chou cabus blanc ou pommé*, dont les principales variétés sont : *le chou de Saint-Denis*, le plus précieux en ce qu'il est le moins susceptible d'être attaqué par les chenilles; le *chou quintal*, celui de tous les choux qui acquiert le plus grand volume, et le *chou pommé rouge*.

Ces variétés se sèment au printemps pour être replantées en mai, juin et juillet, et donner des produits à l'automne.

Qu'est-ce que les choux frisés?

Les *choux frisés* ou *choux-Milan* se distinguent des autres par leur tige courte et par leurs feuilles frisées.

A quelle époque les sème-t-on?

On les sème au printemps, pour être plantés en juin;

ils ont l'avantage de résister au froid mieux que les autres espèces, et de pouvoir, par conséquent, être conservés en pleine terre pendant l'hiver.

Qu'est-ce que les choux-fleurs?

Les *choux-fleurs* donnent, au lieu d'une pomme de feuilles, une pomme de fleurs.

Quelles sont les variétés les plus estimées?

On distingue parmi les choux-fleurs : le *dur*, le *demi-dur*, le *tendre*, et le *brocoli*, dont la tige est plus élevée, les nervures moins saillantes et le pédoncule plus long que dans les autres choux-fleurs.

A quelle époque sème-t-on les choux-fleurs?

Les choux-fleurs se sèment sur couche en mars et en avril, pour être transplantés en mai et en juin.

Qu'est-ce que les choux verts?

Les *choux verts*, ainsi appelés parce qu'ils ne donnent pas de pommes et que leurs feuilles restent toujours vertes, ont pour caractère de résister parfaitement au froid et de n'être bons à manger que lorsque leurs feuilles ont été attendries par la gelée.

Quel est le chou vert qui convient le mieux pour la grande culture?

C'est le *chou cavalier*, qui, dans quelques départements, fait partie des fourrages donnés aux bestiaux. Les vaches sont très-friandes de toutes les feuilles de chou qui ne trouvent pas leur emploi dans le ménage.

A quelle époque sème-t-on les choux verts?

On peut en semer toute l'année, mais, ordinairement, on les sème au printemps pour les planter en juin.

Comment reconnaît-on la bonne graine de chou?

La bonne graine de chou est d'une teinte uniforme, presque noire, pleine et lisse.

Comment sème-t-on les choux?

Les choux se sèment ordinairement sur plates-bandes bien fumées, en lignes espacées de 10 centimètres, ou à la volée. La graine est recouverte au râteau.

Comment arrache-t-on les pieds qui doivent être repiqués?

Lorsque le plant a acquis la grosseur convenable pour être planté, on l'arrache avec précaution, de manière à ce que chaque pied conserve à sa racine une motte de terre, ce qui contribue puissamment à sa reprise.

Comment repique-t-on les choux?

On les repique avec le plantoir ordinaire et le cordeau, en évitant de retrousser la racine. On peut encore tracer un sillon avec la houe, y placer les choux à la distance convenable, et le recouvrir. Cette dernière méthode est la plus expéditive.

A quelle distance place-t-on les choux?

La distance à laquelle les choux doivent être placés varie suivant les espèces qu'on cultive : en général, les gros choux doivent être placés à 60 ou 80 centimètres les uns des autres, et les petits à 50 ou 60 centimètres.

Que faut-il faire après la transplantation?

Immédiatement après la transplantation, il est nécessaire d'arroser chaque pied, à moins qu'elle ne se fasse par un temps humide

Que fait-on après la reprise?

Les plantations de choux, quelle qu'en soit l'espèce, doivent être visitées quelque temps après la reprise des pieds, afin de remplacer ceux qui ne végètent pas convenablement.

Quels soins exigent les choux plantés avant l'hiver?

Les choux plantés à la fin de l'automne n'exigent aucun soin avant le printemps. A cette époque, on donne un premier binage ; quelque temps après, on sarcle et on butte chaque pied. Les feuilles recouvrant alors la terre, les mauvaises herbes sont étouffées et les binages ne sont plus nécessaires.

Quels soins exigent les choux plantés au printemps?

Les choux plantés au printemps sont binés et sarclés aussi souvent que l'état de la terre le fait juger nécessaire pour que le sol profite des rayons du soleil.

Comment conserve-t-on les choux pendant l'hiver?

Pour conserver les choux pendant l'hiver, on les arrache à l'approche des grands froids pour les replanter côte à côte, inclinés au midi, dans des jauges profondes, de sorte que le sommet des pommes se trouve au niveau du sol. Tant que la température le permet, on les laisse découverts ; mais lorsque les grands froids arrivent, on les recouvre avec des paillassons ou de la litière.

Quels sont les insectes nuisibles aux choux?

Le jeune plant de chou est exposé à être dévoré par un insecte appelé l'*altise*[*], qui s'attache aux feuilles. Le meilleur moyen, pour le combattre, est de semer de bonne heure pour que le plant ait pris sa quatrième feuille avant l'apparition de l'insecte, qui ne vient guère qu'à l'époque de la chaleur.

Les choux sont dévorés par les *chenilles* qui, en mangeant le parenchyme (1) des feuilles, causent quelquefois des dégâts considérables parmi ces plantes. Le meilleur moyen pour les détruire est d'écraser avec une petite pierre plate ou un morceau de bois, à la main, les œufs que les papillons déposent sur les feuilles des choux; et lorsque les chenilles paraissent malgré ce soin, de les écraser une à une comme on a fait des œufs.

A quoi servent tous les choux pommés?

Tous les choux pommés servent à préparer la choucroute tant recherchée des Alsaciens et des Allemands, et qui, si elle était connue partout, serait si utile dans les ménages.

Comment se fait la choucroute?

Elle se fait de la manière suivante :

On prend un tonneau qu'on défonce par un bout. Dans le fond de ce tonneau, on place une couche de sel un peu épaisse; après avoir enlevé toutes les feuilles extérieures des choux, on coupe les têtes en tranches très-minces, on met par-dessus le sel une couche de choux de 15 à 18 centimètres d'épaisseur; on foule ces tranches de manière à en réduire l'épaisseur à 3 ou 4 centimètres. On étend dessus une nouvelle couche de sel, puis un nouveau lit de choux qu'on foule comme

(1) Tissu tendre et spongieux des feuilles.

précédemment. On continue ainsi jusqu'à ce que le tas s'élève à 6 ou 8 centimètres au-dessus du tonneau, la dernière couche étant une couche de sel auquel on a mélangé quelques assaisonnements ainsi qu'à celui des couches inférieures. On place sur la dernière couche un linge mouillé, et par-dessus un couvercle en planches assemblées, muni d'une poignée, et qu'on charge de pierres ou d'autres corps pesants. Dans cet état, la fermentation ne tarde pas à se déclarer; l'eau qui se dégage des choux surnage; on l'enlève ou l'on facilite son écoulement par une ouverture pratiquée à 2 ou 3 centimètres du bord supérieur du tonneau. Au bout de six semaines, la choucroute est bonne à être employée.

Combien y a-t-il d'espèces de laitues?

Il y a deux espèces principales de laitues, savoir : les *laitues pommées* à forme arrondie, et les *laitues romaines ou chicons* à forme allongée.

Quelles sont les principales espèces de laitues pommées?

Parmi les laitues pommées, on distingue :

1° La *petite crêpe* ou *petite noire*, frisée et dentelée, dont la graine est noire; — 2° la *batavia* dont les feuilles frisées et repliées forment une pomme de la grosseur d'un petit chou; — 3° la *passion*, ainsi appelée parce qu'elle pomme vers la semaine sainte; — 4° la *gotte*; — 5° la *royale*; — 6° la *paresseuse* ou *monte-à-regret*, un peu dure, mais qui monte difficilement.

Quelles sont les variétés qu'on sème avant l'hiver?

Les variétés qu'on sème avant l'hiver sont la petite crêpe et la gotte.

Quelles sont les principales variétés de laitues romaines?

Parmi les laitues romaines ou chicons, on distingue le *chicon commun* et le *chicon vert.*

Comment fait-on blanchir les chicons?

Pour faire blanchir les chicons, on les lie avec un brin de paille ou de jonc, lorsqu'ils ont acquis la grosseur convenable; le chicon vert blanchit même sans cette précaution.

A quelle époque sème-t-on les laitues d'hiver?

Les laitues d'hiver se sèment en août et sont repiquées en septembre ou octobre, à 20 centimètres de distance en tous sens. Elles demandent un terrain riche, meuble, fortement amendé; la graine est recouverte légèrement.

A quelle époque sème-t-on les laitues de printemps?

Les laitues de printemps se sèment depuis le commencement de mars jusqu'à la fin de mai, tous les quinze jours, pour en avoir tout l'été. On arrose fortement, même après le repiquage.

A quelle époque sème-t-on les chicorées ?

Les chicorées se sèment en avril, en mai et même en juin, pour être repiquées en juin, en juillet et en août; les plants doivent être à 25 ou 30 centimètres de distance.

Comment les fait-on blanchir?

Pour les faire blanchir, on les prive d'air en les liant avec un brin de paille, de jonc ou d'osier; mais pour faire cette opération, il faut toujours attendre que les feuilles ne soient point humides; sans quoi elles se pourriraient.

Comment conserve-t-on les chicorées pendant l'hiver?

On les conserve pendant l'hiver, à la cave, dans du sable, en disposant les pieds l'un contre l'autre.

Quelles sont les variétés les plus cultivées?

Les variétés préférées sont : la *chicorée blanche* ou *frisée*, la *verte* ou *endive*, frisée ou non frisée.

Comment cultive-t-on la scarole?

La scarole ou escarole se cultive de la même manière que la chicorée.

Quelles sont les variétés préférées?

On préfère la *scarole verte*, la *scarole ronde* à feuilles rondes, et la *scarole blonde* qui est jaunâtre en naissant.

Quelles sont les principales variétés de mâches?

La *mâche* ou *doucette*, petite salade d'hiver, comprend deux variétés : la *mâche commune* ou *ronde* et la *grosse mâche* ou *mâche d'Italie*.

Comment et à quelle époque la sème-t-on?

On la sème très-dru depuis la mi-août, de quinze jours en quinze jours, jusqu'en novembre, et l'on commence à en manger à la fin de l'automne.

Comment récolte-t-on la graine?

Les plus gros pieds, préalablement éclaircis, sont réservés pour porte-graine. On doit les arracher, à la rosée, dès que les tiges commencent à jaunir, et les mettre en tas dans un lieu bien frais pour laisser pourrir les gousses. On détache la graine en secouant les tiges avec une baguette.

Comment cultive-t-on le céleri?

Le céleri se sème sur couche à la fin de février, et

en pleine terre en avril. La graine doit être peu recouverte et arrosée fréquemment.

Quel est le sol qui lui convient?

Le céleri veut un sol fertile, profond et humide.

Comment le repique-t-on?

Lorsqu'on veut le repiquer, on trace des couches profondes d'un fer de bêche et de la longueur du carreau. La terre en provenant est rejetée sur l'un des côtés. On met au fond de ces tranchées une petite couche de fumier qu'on recouvre d'une petite couche de terre. On laisse le tout se tasser pendant quelques jours, puis on repique le plant à 20 centimètres de distance. Lorsqu'il a atteint la longueur de 3 à 4 décimètres, on attache les feuilles avec un lien de paille ou de jonc et on butte les pieds en leur rendant la terre qui a été extraite de la couche. Dans ce buttage, on ne doit laisser à découvert que l'extrémité supérieure des feuilles. Au bout de huit jours, on fait un second buttage, et quelque temps après un troisième; après quoi le céleri est bon à manger.

Qu'est-ce que le céleri rave?

On cultive depuis quelque temps une variété de céleri appelée *céleri rave*, dont la racine tendre et moelleuse a une saveur plus douce que celle du céleri ordinaire.

Comment le cultive-t-on?

On le repique en plaçant les pieds à 4 ou 5 décimètres de distance les uns des autres. Il a besoin d'être arrosé copieusement après le repiquage. Les autres soins de culture sont les mêmes que pour le précédent.

A quelle époque sème-t-on la raiponce?

La graine de raiponce se sème depuis juillet jusqu'en septembre; elle est si fine qu'il suffit d'arroser le terrain pour la fixer, sans la recouvrir autrement.

Quel est l'avantage qu'offre la culture des épinards?

Les épinards ont le précieux avantage de fournir un légume frais en hiver, époque où il n'y en a presque pas d'autres.

Quelles sont les variétés les plus cultivées?

On cultive principalement *l'épinard commun, l'épinard à graines épineuses, à feuilles épaisses,* et *l'épinard de Hollande* ou *épinard rond,* à graines lisses.

Quelle terre exigent toutes ces espèces?

Toutes ces espèces exigent une bonne terre et de fréquents arrosements.

Comment, et à quelle époque les sème-t-on?

On les sème à la volée ou en rayons, depuis février jusqu'en octobre.

Que faut-il éviter en coupant les feuilles?

Lorsqu'on coupe les feuilles, il faut éviter de dépouiller entièrement le pied, qui pourrait périr, et en prendre seulement quelques-unes à chaque pied.

Comment récolte-t-on la graine?

On garde pour porte-graine les plus beaux pieds qui ont passé l'hiver; on les coupe lorsque les tiges commencent à jaunir, et la graine achève de mûrir au soleil.

Quelles sont les variétes d'artichauts les plus cultivées?

Les variétés les plus communes sont : le *gros-vert* ou

artichaut de Laon, le *gros camus de Bretagne*, le *gros camus violet* et le *rouge fin*.

Comment se reproduisent les artichauts?

Les artichauts se reproduisent par semis de la graine; mais on a rarement recours à ce mode de multiplication et l'on préfère *œilletonner* les pieds, c'est-à-dire *éclater* avec un couteau tous les *œilletons* ou *jets* qui se trouvent autour du cœur.

Comment se fait cette opération?

Cette opération doit se faire très-promptement : on déchausse les pieds, on ôte les œilletons en les tirant de haut en bas, en ayant soin de leur laisser un talon, et l'on remet de suite la terre en place. Après l'œilletonnage, il doit rester un ou deux jets au pied. On ne conserve pour la plantation que ceux qui sont droits et charnus.

Comment se fait la plantation?

Au mois de mars, la terre ayant été préparée par un défoncement à deux fers de bêche, on plante deux œilletons ensemble, dans des trous placés à 70 ou 80 centimètres de distance les uns des autres. Si les deux œilletons repoussent, on arrache le plus faible.

Comment soigne-t-on les artichauts?

On arrose fréquemment et l'on donne des sarclages et des binages aussi souvent que la terre l'exige.

A quelle époque et comment récolte-t-on les pommes d'artichaut?

Lorsqu'elles sont mûres, on les coupe, n'en laissant qu'une seule à chaque pied et rognant l'extrémité de toutes les feuilles. Par ce moyen, les fruits se succèdent jusqu'à l'arrivée des froids, qui arrêtent le développement des plus tardifs.

Que fait-on si, à l'époque des gelées, il y a encore un grand nombre de pommes sur les têtes?

Si, quand les gelées arrivent, il y a encore un grand nombre de pommes sur les têtes, on coupe celles-ci près de terre et on les transplante en cave.

Que fait-on à l'approche des premières gelées?

A l'approche des premières gelées, on butte les artichauts par un temps sec, pour garantir les racines du froid. En buttant, il faut éviter de laisser tomber de la terre entre les côtes des grosses feuilles et sur les feuilles du centre.

Comment préserve-t-on les feuilles de la gelée et de la pourriture?

Pour préserver les feuilles de la gelée et de la pourriture, on les raccourcit à 30 centimètres environ, ne laissant que celles du centre, et on les recouvre, soit de paille sèche, soit de feuilles mortes, soit de litière, qu'on ôte toutes les fois que le temps est doux.

A quelle époque déchausse-t-on les artichauts?

Vers la fin de mars, on découvre les artichauts et l'on donne une bonne façon à la terre en détruisant les buttes.

A quelle époque paraissent les pommes de la seconde année?

Vers la fin de mai, on voit, la seconde année, paraître des pommes qu'on recueille à maturité; après, on peut couper les tiges qui les ont portées aussi bas que possible, les œilletonner, et il repousse bientôt d'autres œilletons qui, par le moyen d'arrosages nombreux, peuvent encore produire à l'automne.

Que mange-t-on dans l'asperge?

Le *turion* ou jeune tige non développée, c'est-à-dire la partie qui est en contact avec la lumière; la partie qui est en terre ne se mange pas.

Comment multiplie-t-on l'asperge?

L'asperge se multiplie par les semis qu'on fait de la graine, au mois de mars ou au mois d'avril, en planches de un mètre trente centimètres de largeur et d'une longueur convenable. Cette graine, au bout de deux ans, donne du plant, nommé les *pattes* ou *griffes*, qu'on repique de la manière suivante :

Au mois de mars, et même dès l'automne si l'on peut, on choisit une bonne terre, profonde, meuble et sèche. On la partage en fosses qu'on défonce à 50 centimètres en rejetant la terre sur les côtés; on met au fond de chaque couche un lit de fumier de 7 à 8 centimètres qu'on mélange parfaitement avec la terre par un second défoncement, s'il est possible, ou avec celle qu'on y remet. On jette par-dessus de la bonne terre ou du terreau, on donne un coup de râteau ; et au mois de mars, si la préparation est faite en automne, ou au mois d'avril si elle est faite au printemps, on y plante les griffes ou pattes à 30 ou 40 centimètres les unes des autres; on les recouvre ensuite de quelques centimètres de terre.

Quels soins donne-t-on aux asperges ainsi plantées?

Les asperges ainsi plantées n'ont besoin, pendant le

printemps et l'été, que d'être débarrassées des mauvaises herbes, d'être binées de temps en temps pour tenir la terre meuble, et d'être arrosées souvent pour que le sol n'ait jamais le temps de se durcir.

Que faut-il faire au commencement du mois de novembre de l'année de la plantation?

Au commencement de novembre, on coupe les montants à trois centimètres de terre, on recharge les planches de terre prise sur les berges, et on donne une petite façon autour des pieds, en évitant avec soin de les endommager.

Quels soins donne-t-on aux asperges pendant la deuxième et la troisième année?

A la seconde année, les mêmes soins recommencent, et on les continue pendant la troisième.

A quelle époque commence-t-on à couper des tiges?

Au printemps de la quatrième année, après avoir donné une couverture de fumier qu'on melange avec la terre par un léger binage, on peut couper, lorsqu'elles sont venues, quelques-unes des plus grosses tiges. A la cinquième année, les asperges sont en plein rapport, et si on les soigne convenablement, si le terrain a été bien préparé, elles peuvent donner pendant plus de 30 ans.

Comment coupe-t-on l'asperge?

Pour couper l'asperge, on se sert d'un couteau dont on plonge la lame en terre autour de la tige à la profondeur de quinze centimètres, et, par un petit tour de main, on embrasse cette tige qu'on coupe en tirant l'instrument à soi.

73me LEÇON.

Des Herbages potagers ou Fournitures.

Comment cultive-t-on l'oseille?

L'*oseille* se cultive en bordures; on la multiplie par l'éclat des pieds. On peut aussi semer la graine à la volée au printemps.

Faut-il la couper souvent?

Elle vient d'autant plus belle qu'on la coupe plus souvent.

Que fait-on à l'approche des gelées?

A l'approche des gelées, ou la coupe près de terre, et on la couvre de fumier ou de terreau.

Quelles variétés cultive-t-on de préférence?

On préfère l'*oseille longue* ou *oseille de Belleville*, l'*oseille jaune vivace* et la *ronde*.

Comment traite-t-on le persil?

Le *persil* se sème en mars ou en avril, soit en bordures autour des carreaux, soit en planches par rayons espacés de 15 centimètres. Au bout de trois semaines, la graine lève; on sarcle alors la plante, on l'arrose, et quand elle a pris de la force, on l'abandonne à elle-même pour s'en servir tous les jours en récoltant un à un les brins des feuilles qu'elle pousse.

Quelles sont les variétés les plus cultivées?

Les variétés les plus cultivées sont : le *persil commun*, le plus recherché; le *persil à grandes feuilles*, et le *persil frisé*, le plus sensible à la gelée.

Comment récolte-t-on la graine?

Le persil ne monte guère à graine que la seconde année, si l'on a la précaution de couper les fanes à mesure qu'elles poussent. La graine est mûre en août. Les tiges sont coupées, mises en bottes et exposées au soleil; mais comme la graine tombe facilement, on met dessous un linge pour la recevoir.

Comment cultive-t-on le cerfeuil?

Le *cerfeuil* se sème, pour l'été, tous les quinze jours à dater du printemps; et pour l'automne et l'hiver, depuis la fin d'août jusqu'à fin septembre.

Quelles variétés cultive-t-on?

On cultive le *cerfeuil commun* et le *cerfeuil musqué;* ce dernier ne se sème qu'au printemps.

Comment cultive-t-on la bette ou poirée?

La *bette* ou *poirée*, qui réussit dans presque tous les terrains, se sème en mars ou en avril, à la volée ou par rayons distants de 15 centimètres, ou dans les bordures. Six semaines après, on peut l'employer en la coupant près de terre; elle repousse alors de nouvelles feuilles, et plus souvent elle est coupée, plus la feuille est tendre et onctueuse.

A quelle époque monte-t-elle en graine?

Elle ne monte en graine que la seconde année, et la graine conserve sa faculté germinative pendant 5 à 6 ans.

Quelles sont les variétés préférées?

Les variétés dites *poirée à corde* et la *blonde* sont les plus cultivées.

Quels sont les terrains qui conviennent à l'estragon?

Tous les terrains conviennent à l'*estragon*, qui se multiplie en éclatant les pieds à l'automne. On le cultive presque toujours en bordures.

Qu'est-ce que la capucine?

La *capucine* est une plante grimpante cultivée pour ses fleurs, qui servent à l'assaisonnement des salades. — On la sème en avril.

Pourquoi cultive-t-on la tomate?

La *tomate* est cultivée pour servir d'assaisonnement ou d'aliment.

Quelles sont les variétés les plus cultivées?

On cultive les variétés suivantes : la *grosse rouge* sillonnée, la *hâtive*, la *grosse jaune*, la *petite rouge*, la *petite jaune*, la *tomate en poire* et la *tomate cerise*.

A quelle époque et comment sème-t-on la tomate?

On la sème de bonne heure sur couche et sous châssis; et, lorsqu'on n'a plus à craindre les gelées, on repique à 70 ou 80 centimètres de distance. Lorsque les plants ont 40 centimètres, on les attache, pinçant en même temps le sommet des tiges et les pousses secondaires au-dessus des fleurs. Lorsque quelques fruits sont mûrs, on effeuille d'abord en partie, puis complétement, pour les soumettre à l'action directe des rayons du soleil. Il faut arroser abondamment en été.

Quelles plantes cultive-t-on encore en bordures?

On cultive encore en bordures, et pour servir d'assaisonnement, l'*anis*, le *fenouil*, le *basilic*, la *sauge*, la *lavande*, la *marjolaine*, le *thym* et la *mélisse*, qui sont des plantes odoriférantes qu'on trouve dans les bois et sur les rochers à l'état sauvage.

74me LEÇON.

Des Cucurbitacées.

Quelle est la méthode la plus simple pour semér les melons?

La méthode la plus simple pour semer les melons consiste à creuser des trous de 3 à 4 décimètres de profondeur et d'un diamètre égal, à les remplir de fumier qui doit être recouvert d'un peu de terre, en donnant au tout la forme d'un entonnoir.

A quelle distance place-t-on les trous?

Les trous sont à 2 mètres les uns des autres.

A quelle époque séme-t-on les melons?

En mars, ou plus tôt, si on n'a plus à craindre les gelées. On met aux quatre coins des trous trois ou quatre graines qu'on enfonce très-peu dans la terre et qui forment un petit triangle par leur disposition. La plante lève six ou sept jours après; dès qu'elle est hors de terre on sarcle, et lorsque le plant a acquis environ un décimètre on le bine, en retranchant en même temps les pieds qui peuvent être de trop et ne laissant que les plus forts.

Quels soins donne-t-on aux melons dans le cours de la végétation?

Dans le courant de la végétation, on surveille le

plant, on sarcle aussi souvent qu'on le peut, et l'on arrose fréquemment.

Que fait-on lorsque les tiges sont bien développées?

Lorsque les tiges sont bien développées, on peut les *tailler*. Cette opération, qui est presque complétement négligée, consiste à couper la première tige qui est sortie entre les cotylédons (1) (qui absorberait, si on la laissait, toute la séve, et dont les fruits viendraient très-tard), et à conserver seulement les branches latérales. Lorsque ces dernières, appelées *bras* ou *rameaux*, commencent à s'allonger, on les coupe à 2 ou 3 yeux, de manière à ne laisser que deux ou trois fruits à chacune d'elles.

A quelle époque les melons sont-ils mûrs?

Les melons arrivent à maturité du 1er août au 15 septembre. On le reconnaît lorsqu'ils passent du vert au jaune, qu'ils répandent une odeur agréable et que le pédoncule (2) semble vouloir se détacher.

Quelles sont les espèces les plus cultivées?

Les espèces les plus cultivées sont les *melons communs* ou *melons brodés*, à côtes recouvertes de verrues blanchâtres, les *melons cantaloups*, et les *melons à écorce unie, mince* et à grosses graines, appelés aussi quelquefois *melons d'eau*, quoique ce nom s'applique plus spécialement aux *pastèques*.

(1) Lobes charnus qu'on remarque dans la plante qui commence à germer.

(2) Queue.

Que craint le melon ?

Le melon craint beaucoup les brouillards et les nielles ; la grêle détruit bien souvent toutes les récoltes des pays sur lesquels elle tombe ; mais ses ennemis les plus redoutables sont les limaces et les limaçons, qui mangent le plant avant le développement du fruit, ou même celui-ci lorsqu'il est développé. Il est nécessaire de faire la chasse à ces insectes le matin et le soir si l'on veut préserver cette plante de leurs ravages. On peut aussi répandre de la chaux vive sur le bord des planches et des carreaux où se trouvent les plantes dont ils sont friands.

Quelles sont les principales espèces de citrouilles et de potirons qu'on cultive ?

Les principales espèces sont : la *grosse citrouille*, la *boule de Siam* et le *giraumont, le potiron des Indes* et le *potiron d'Espagne*.

Qu'exigent ces plantes ?

Ces plantes exigent une grande quantité d'engrais; c'est pourquoi on les sème ordinairement près du tas de fumier. Elles sont, du reste, traitées de la même manière que le melon. Elles craignent moins le froid, sont moins difficiles sous le rapport de la température et réussissent parfaitement dans presque toute la France.

Comment cultive-t-on la courge ?

La *courge*, qui ressemble à une bouteille, se cultive comme le melon et la citrouille. Son écorce se durcit comme du bois en mûrissant.

Comment cultive-t-on le concombre ?

Le *concombre* réussit mieux que le melon. Il se sème

avant ou plus tard si l'on veut, et est traité de la même manière dans le cours de sa végétation.

Quelles sont les principales espèces cultivées?

Les principales espèces qu'on cultive sont : le *blanc long*, le *blanc hâtif*, le *gros blanc* et le *cornichon*, espèce à fruits très-petits que l'on confit dans le vinaigre pour les faire servir d'assaisonnement. Le fruit vert de toutes les autres espèces peut être cueilli lorsqu'il est seulement de la grosseur du petit doigt, pour servir à cet usage.

75me LEÇON.

Des Fraisiers et de quelques Arbustes.

Comment cultive-t-on les fraisiers?

Les *fraisiers* sont cultivés en planches ou en bordures et se multiplient par les filaments noueux qui rampent sur terre, y prennent racine et donnent à chaque nœud des feuilles une nouvelle plante qu'on transplante. Comme ces filaments épuisent considérablement la terre, il faut les retrancher avec soin.

Quelles sont les espèces les plus cultivées?

Les espèces qu'on cultive le plus communément sont : les *fraisiers communs*, le *fraisier de Montreuil*, les *ananas* et le *fraisier de Paris*.

Quels arbustes cultive-t-on sur le bord des allées?

On plante quelquefois le long des allées, des *cassis*, des *groseilliers*, des *framboisiers*, etc. Ils exigent peu de soins, mais ne sont pas à dédaigner, car leurs fruits sont non-seulement très-bons à manger à l'état naturel, mais encore ils servent à faire de très-bonnes liqueurs et des confitures.

76me LEÇON.

Des Plantes médicinales.

Est-il avantageux de cultiver les plantes médicinales ?

Un petit carreau du jardin doit toujours être consacré à la culture des *plantes médicinales* les plus usuelles, qui offrent le double avantage de pouvoir être utilisées dans le ménage et de trouver un débit facile chez les pharmaciens.

Quelles sont les principales?

Les principales plantes médicinales qu'on peut cultiver sont : la *guimauve*, la *violette*, la *bourrache*, le *pavot*, la *sauge*, la *lavande*, la *mélisse*, la *réglisse*, la *marjolaine*, l'*absinthe*, la *camomille*, la *rose de Provins*, etc.; elles doivent être l'objet de soins attentifs de la part du jardinier.

N'y a-t-il pas d'autres plantes qu'on peut utiliser comme plantes médicinales?

On peut utiliser comme plantes médicinales la *mauve*, le *bouillon-blanc*, la *patience*, le *pissenlit*, le *chiendent*, les *fleurs de tilleul* et de *sureau*, les *fruits du houblon*.

Qu'est-ce que la guimauve?

La *guimauve* est une plante vivace qui croit spontanément en France dans les terrains humides. Elle fleurit en juillet et en août.

Quel est le terrain qui lui convient?

Elle n'est pas difficile sur la nature du terrain, elle croît assez bien dans tous les sols, mais surtout dans une terre franche, légère, profonde et un peu humide.

Comment la multiplie-t-on?

On peut la multiplier en arrachant en novembre et décembre des vieux pieds qu'on éclate, qu'on divise et qu'on replante tout de suite. On peut aussi récolter de la graine en automne et la semer au printemps dans une terre bien préparée.

Quelles parties emploie-t-on?

La racine de guimauve fraîche ou sèche est en général la base des décoctions émollientes et adoucissantes qu'on prescrit en médecine, dans toutes les affections inflammatoires internes ou externes.

Les fleurs cueillies au moment où elles paraissent, séchées à l'ombre, renfermées dans un sac et conservées dans un lieu sec, sont d'un usage journalier dans les affections catarrhales et dans toutes les maladies où il y a irritation et inflammation.

Les feuilles et même les fruits jouissent des mêmes propriétés émollientes et mucilagineuses que les autres parties de la plante.

Que produit le pavot?

Le *pavot* produit l'*opium*, substance éminemment calmante et somnifère (1), dont on fait usage dans la mé-

(1) Qui provoque le sommeil.

decine, et qui est un des médicaments les plus puissants et les plus précieux de la thérapeutique (1).

Qu'est-ce que la sauge?

La *sauge officinale* est un arbrisseau dont les fleurs sont bleuâtres, et qui croît naturellement dans le midi de la France. On en distingue deux variétés principales, l'une plus élevée et à plus grandes feuilles, dite *grande sauge*; l'autre, moindre dans toutes ses parties, appelée *petite sauge*. Elles ont une odeur aromatique forte et agréable, leur saveur est amère.

Quelles sont leurs propriétés?

Leurs propriétés sont d'être toniques (2), stomachiques (3), stimulantes (4) et sudorifiques (5).

Comment les cultive-t-on?

Leur culture ne présente aucune difficulté; elles viennent très-bien dans un sol sec et pierreux. Elles se récoltent en vert avant que les fleurs paraissent.

Qu'est-ce que la menthe et comment la cultive-t-on?

La *menthe*, plante à racine vivace, qui se plaît dans une terre légèrement humide, a à peu près les mêmes propriétés que la sauge, et se cultive de la même manière, si ce n'est qu'on la récolte seulement au moment de la floraison.

(1) Partie de la médecine qui concerne l'administration du traitement.

(2) Qui excite lentement.

(3) Qui fortifie l'estomac.

(4) Qui excite.

(5) Qui provoque la sueur.

Qu'est-ce que la lavande?

La *lavande*, arbuste de la famille des Labiées, formant une touffe rameuse, croît dans le midi de la France sur les collines exposées au soleil. Elle fleurit en juin et juillet.

Toutes les parties de cette plante ont une odeur aromatique agréable très-pénétrante.

Comment la cultive-t-on?

Elle vient bien dans les terrains secs, pierreux et arides; on la plante ordinairement en bordures.

Qu'est-ce que la mélisse?

La *mélisse*, vulgairement appelée *citronnelle*, croît spontanément dans les haies des parties méridionales de la France. Son odeur est aromatique, très-pénétrante, ayant quelque analogie avec celle du citron.

Quelles sont ses propriétés médicales?

Ses propriétés médicales sont d'être cordiale (1), céphalique (2), antispasmodique (3) et sudorifique.

Qu'est-ce que la réglisse?

La *réglisse* appartient à la famille des Légumineuses; ses racines sont cylindriques, de la grosseur du petit doigt, ligneuses et traçantes, d'un gris roussâtre, d'une saveur douce et sucrée.

Quelle partie de cette plante emploie-t-on?

Ce sont les racines de cette plante qu'on emploie en

(1) Qui fortifie.
(2) Pour le mal de tête.
(3) Contre les spasmes, contre les convulsions.

médecine; elles sont adoucissantes et pectorales (1). Mais elles servent principalement à édulcorer (2) toutes les tisanes qu'on a besoin de faire économiquement et dans lesquelles elles remplacent le sucre et le miel. C'est aussi avec les racines de cette plante qu'on fabrique en Espagne le suc de *réglisse*.

Qu'est-ce que la marjolaine?

La *marjolaine* est une plante aromatique de la famille des Labiées, qui se cultive comme la lavande et a à peu près les mêmes propriétés.

Qu'est-ce que l'absinthe?

L'*absinthe* est une plante herbacée et vivace, dont les racines produisent une ou plusieurs tiges hautes d'environ 1 mètre, rameuses, garnies de rameaux portant dans leur partie supérieure des fleurs jaunâtres, globuleuses, disposées en grappes tournées du même côté.

Comment la cultive-t-on?

Elle n'est pas difficile sur le choix du terrain et vient bien presque partout. — On la coupe un peu avant la floraison et on en fait des bottes.

Quelles sont ses propriétés?

Elle est employée en médecine à cause de ses qualités carminatives (3), fébrifuges (4) et vermifuges (5).

(1) Bonnes pour la poitrine.
(2) Adoucir la saveur.
(3) Qui a la vertu d'expulser les vents.
(4) Qui guérit la fièvre.
(5) Contre les vers.

Qu'est-ce que la camomille?

La *camomille* ou *camomille romaine* est une herbe à racines horizontales vivaces, produisant plusieurs tiges couchées à leur base, divisées en plusieurs rameaux redressés et ne portant qu'une fleur dont les rayons sont blancs et le disque jaune ; mais elle est blanche dans la variété double, la seule cultivée pour l'usage qu'on en fait en médecine.

Elle est, comme l'absinthe, amère et aromatique. Ses fleurs sont toniques, carminatives, fébrifuges et antispasmodiques.

Comment la cultive-t-on?

Elle ne se cultive que dans les jardins, en bordures, au moyen d'éclats tirés des vieux pieds, et qui peuvent durer plusieurs années. On récolte les fleurs sur place et on les fait sécher à l'ombre.

Qu'est-ce que la rose de Provins?

C'est la fleur du rosier de Provins, ou de France, qu'on cultive beaucoup dans les environs de Provins, et dont les pétales (1) sont employés en médecine comme astringents (2).

Quelles sont les propriétés de la mauve, du bouillon-blanc, de la patience, de la violette et du chiendent?

La *mauve* est émolliente et adoucissante ; les fleurs du *bouillon-blanc* sont employées comme pectorales ; les feuilles et les racines du *pissenlit* sont toniques, dépura-

(1) Feuilles de la fleur.
(2) Qui resserrent.

tives et diurétiques. La *patience* est tonique et apéritive (1). Les fleurs de la *violette* sont adoucissantes, antispasmodiques, pectorales; ses feuilles, émollientes et laxatives, sont utiles en lavements. Les racines du *chiendent* sont apéritives et diurétiques (2).

Quelles sont les propriétés des fleurs du tilleul, du sureau et des fruits du houblon.

Les fleurs du *tilleul* sont antispasmodiques, celles du sureau s'emploient comme sudorifiques et résolutives; on les recueille comme les précédentes en juin et on les fait sécher à l'ombre.

Les fruits du *houblon* sont antiscorbutiques (3), sudorifiques, toniques, etc.

77me LEÇON.

Des Fleurs.

Quels avantages offre la culture des fleurs?

La culture des fleurs est très-intéressante : elle procure à tout le monde un délassement plein de charmes, une occupation très-agréable, et fournit fréquemment l'occasion d'admirer la bonté de Dieu.

Quelle partie du jardin consacre-t-on aux fleurs?

On réserve à la culture des fleurs quelques plates-bandes et quelques-unes des bordures des allées.

(1) C'est-à-dire qu'elle ouvre l'appétit.
(2) Font uriner.
(3) Contre le scorbut.

Comment divise-t-on les plantes d'agrément qu'on peut cultiver dans le jardin?

On peut diviser les plantes d'agrément en *arbustes*, en *plantes vivaces* et en *plantes annuelles*.

1. Arbustes.

Quels sont les principaux arbustes?

Ce sont : 1° le *rosier*, dont la fleur, la *rose*, est appelée à juste titre la *reine des fleurs* par sa beauté et son parfum. Il y a un grand nombre de variétés. On cultive principalement : le *rosier commun* ou *rosier à cent feuilles*, le *royal remontant*, le *rosier de mai*, et le *rosier du Bengale*, dont la fleur n'a point d'odeur, mais qui a l'avantage de fleurir presque toute l'année.

Comment multiplie-t-on le rosier?

On multiplie le rosier par la bouture, par la transplantation des drageons ou rejetons qui poussent au pied, ou par la greffe en écusson qu'on pratique sur l'églantier ou rosier sauvage. Ce dernier moyen est le plus usité pour la multiplication des plus belles variétés et surtout des rosiers remontants.

2° Le *lilas*, qui fleurit au commencement du printemps.

3° Le *seringat*, qui donne en juin des fleurs blanches, qui ont une odeur agréable, mais forte.

Ces deux arbustes, qui peuvent être plantés en haies ou aux angles des carreaux, se multiplient par la transplantation des rejetons.

4° Le *genêt d'Espagne*, qui donne des grappes de fleurs d'un beau jaune et d'une odeur suave, et qui se reproduit de semis.

5° Le *jasmin blanc ordinaire*, qui donne d'abondantes fleurs blanches, d'une odeur agréable, qui se reproduit de boutures.

2. Plantes vivaces.

Qu'entend-on par plantes vivaces?

Les *plantes vivaces* sont celles qui portent plusieurs années des fleurs sur les mêmes tiges.

Quelles sont, parmi les fleurs vivaces, celles qui sont le plus cultivées dans les jardins?

Ce sont : la *violette*, qui semble se cacher aux regards, mais que son parfum fait reconnaître. Il y en a deux variétés : la *double* et la *simple*. La première variété est la plus odorante ;

La *primevère*, qui fleurit au commencement du printemps. Il y en a de plusieurs couleurs à fleurs doubles et à fleurs simples ;

Les *pensées*, à fleurs nuancées de violet et de jaune ;

Les petites *marguerites ;*

Les *œillets*, parmi lesquels on distingue l'*œillet de poète* ou *bouquet parfait*, et le petit *œillet* ou *œillet mignardise ;*

Le *gazon d'Espagne*.

Toutes ces fleurs font de très-belles bordures et se multiplient par la séparation des touffes.

Les *jacinthes*, qui fleurissent au commencement du

printemps et donnent de belles fleurs à couleurs variées;

La *couronne impériale*, à fleurs d'un rouge safrané, renversées et disposées en couronne sur le haut de la tige, que termine un faisceau de feuilles;

Le *narcisse des poètes*, qui fleurit en mai et dont la fleur est blanche et odorante;

Le *lis blanc*, fleur magnifique, très-odorante, et le *lis orangé*, qui fleurissent en juin.

Toutes ces dernières plantes sont bulbeuses et se multiplient par la séparation des caïeux. On les plante dans les plates-bandes ou près des bordures.

Le *dahlia*, qui fleurit en automne et donne de très-belles fleurs. Il se multiplie par la séparation de tubercules, qu'on replante tard au printemps, parce que la jeune plante est très-sensible à la gelée.

La *pivoine*, qui donne en avril ou en mai de grandes fleurs très-remarquables par la variété de leurs couleurs;

La *tulipe*, remarquable par ses grosses fleurs rouges;

Le *muguet*, qui donne au mois de mai de jolies fleurs blanches qui exhalent une odeur suave;

La *croix de Jérusalem* ou de *Malte*, qui donne en été des fleurs d'un rouge éclatant;

L'*aster œil de Christ*, qui donne à la fin de l'été des fleurs nombreuses en étoile.

3. Plantes annuelles.

Qu'entend-on par plantes annuelles?

On entend par *plantes annuelles* celles qu'il faut semer tous les ans.

Quelles sont, parmi ces fleurs, les plus cultivées?

Les plus cultivées pour l'ornement des jardins sont :

La *balsamine*, qui fait, pendant l'été, la décoration des jardins par ses fleurs élégantes et variées ;

La *reine-marguerite*, qui dure plus longtemps que la balsamine et donne des fleurs encore plus variées ;

Les *giroflées*, dont les espèces sont extrêmement multipliées, et qui donnent des fleurs belles et odorantes. On distingue principalement : le *violier*, la *giroflée jaune* et la *giroflée quarantaine;*

Le *réséda*, petite plante peu remarquable par sa fleur, mais qui exhale une odeur délicieuse ;

Le *pois de senteur* ou *pois-fleur*, qui donne pendant presque tout l'été de jolies fleurs d'une odeur très-agréable.

78me LEÇON.

Insectes nuisibles aux plantes.

Quels sont les insectes nuisibles aux plantes?

Les plantes cultivées dans les jardins ont un grand nombre d'ennemis. Les plus communs sont : les *rats*, les *mulots*, les *taupes*, les *courtilières* ou *taupes-grillons*, les *larves* de hannetons et d'un grand nombre de scarabées, et les *fourmis*.

Quel est le meilleur moyen pour détruire les rats et les mulots?

Le meilleur moyen pour détruire les rats et les mulots, c'est d'avoir un chat dressé à cet effet. On peut aussi employer des assommoirs, des piéges et des appâts empoisonnés.

De quoi se sert-on pour détruire les taupes?

Pour détruire les taupes, on se sert de taupières, de boulettes arsenicales ou de vers trempés dans de la noix vomique, qu'on place dans les galeries sur leur passage (Voir 32e leçon, page 156).

Quel mal font les courtilières?

Les *courtilières*, qui sont des espèces de sauterelles, coupent les racines des plantes.

Comment les détruit-on?

Pour les détruire, on les attire à la surface de la terre en la mouillant légèrement en plein midi : elles sortent et on les écrase. On peut aussi remplir d'eau les trous qu'elles font, en y versant quelques gouttes d'huile qui les asphyxient.

Quel mal font les larves de hannetons?

Les *larves* (1) de hannetons attaquent principalement les pieds des laitues, dont elles mangent le cœur de la racine. On s'aperçoit de leurs ravages au dépérissement de la plante. On l'arrache avec la bêche et on y trouve la larve qu'on écrase. Mais le meilleur moyen d'empêcher la multiplication de ces vers, c'est de faire au printemps une bonne chasse aux hannetons.

Quel mal font les fourmis et comment les détruit-on?

Les *fourmis* mangent les jeunes bourgeons. On les détruit par le feu et l'eau bouillante; on les éloigne en

(1) Vers blancs.

répandant sur la fourmilière de l'eau dans laquelle on a fait cuire des écrevisses, ou même en y mettant des écrevisses. L'odeur qui se dégage par la corruption de ces crustacés chasse les insectes, qu'on poursuit de gîte en gîte par le même moyen, jusqu'à ce qu'ils aient quitté le jardin.

Quant aux autres insectes, tels que l'altise, les chenilles, les limaces et les limaçons, qui dévorent les légumes, nous avons déjà indiqué les moyens de les détruire.

FIN

Paris. — Imp. Vve P. Larousse et Cie, rue Montparnasse, 19.

Paris. — Imp. Vve P. LAROUSSE et Cie, rue Montparnasse, 19.

www.ingramcontent.com/pod-product-compliance
Lightning Source LLC
LaVergne TN
LVHW021937030726
842523LV00001B/184